海上絲綢之路基本文獻叢書

北户録
海國宣威圖題詠

〔唐〕段公路 撰／〔明〕劉一龍等 撰

文物出版社

圖書在版編目（CIP）數據

北户録 /（唐）段公路撰．海國宣威圖題詠 /（明）劉一龍等撰．-- 北京 ：文物出版社，2022.6
（海上絲綢之路基本文獻叢書）
ISBN 978-7-5010-7530-0

Ⅰ．①北… ②海… Ⅱ．①段… ②劉… Ⅲ．①自然資源－介紹－廣東－唐代②歷史地理－史料－雲南－明代 Ⅳ．① P966.265 ② K928.6

中國版本圖書館 CIP 數據核字（2022）第 071496 號

海上絲綢之路基本文獻叢書

北户録·海國宣威圖題詠

著　　者：〔唐〕段公路　〔明〕劉一龍等
策　　划：盛世博閱（北京）文化有限責任公司

封面設計：鞏榮彪
責任編輯：劉永海
責任印製：張　麗

出版發行：文物出版社
社　　址：北京市東城區東直門内北小街 2 號樓
郵　　編：100007
網　　址：http://www.wenwu.com
郵　　箱：web@wenwu.com
經　　銷：新華書店
印　　刷：北京旺都印務有限公司
開　　本：787mm×1092mm　1/16
印　　張：12.875
版　　次：2022 年 6 月第 1 版
印　　次：2022 年 6 月第 1 次印刷
書　　號：ISBN 978-7-5010-7530-0
定　　價：90.00 圓

總緒

海上絲綢之路，一般意義上是指從秦漢至鴉片戰争前中國與世界進行政治、經濟、文化交流的海上通道，主要分爲經由黄海、東海的海路最終抵達日本列島及朝鮮半島的東海航綫和以徐聞、合浦、廣州、泉州爲起點通往東南亞及印度洋地區的南海航綫。

在中國古代文獻中，最早、最詳細記載『海上絲綢之路』航綫的是東漢班固的《漢書·地理志》，詳細記載了西漢黄門譯長率領應募者入海『齎黄金雜繒而往』之事，書中所出現的地理記載與東南亞地區相關，并與實際的地理狀況基本相符。

東漢後，中國進入魏晋南北朝長達三百多年的分裂割據時期，絲路上的交往也走向低谷。這一時期的絲路交往，以法顯的西行最爲著名。法顯作爲從陸路西行到印度，再由海路回國的第一人，根據親身經歷所寫的《佛國記》（又稱《法顯傳》）一書，詳細介紹了古代中亞和印度、巴基斯坦、斯里蘭卡等地的歷史及風土人情，是瞭解和研究海陸絲綢之路的珍貴歷史資料。

隨着隋唐的統一，中國經濟重心的南移，中國與西方交通以海路爲主，海上絲綢之路進入大發展時期。廣州成爲唐朝最大的海外貿易中心，朝廷設立市舶司，專門管理海外貿易。唐代著名的地理學家賈耽（七三〇～八〇五年）的《皇華四達記》記載了從廣州通往阿拉伯地區的海上交通『廣州通夷道』，詳述了從廣州港出發，經越南、馬來半島、蘇門答臘半島至印度、錫蘭，直至波斯灣沿岸各國的航綫及沿途地區的方位、名稱、島礁、山川、民俗等。譯經大師義净西行求法，將沿途見聞寫成著作《大唐西域求法高僧傳》，詳細記載了海上絲綢之路的發展變化，是我們瞭解絲綢之路不可多得的第一手資料。

宋代的造船技術和航海技術顯著提高，指南針廣泛應用於航海，中國商船的遠航能力大大提升。北宋徐兢的《宣和奉使高麗圖經》詳細記述了船舶製造、海洋地理和往來航綫，是研究宋代海外交通史、中朝友好關係史、中朝經濟文化交流史的重要文獻。南宋趙汝適《諸蕃志》記載，南海有五十三個國家和地區與南宋通商貿易，形成了通往日本、高麗、東南亞、印度、波斯、阿拉伯等地的『海上絲綢之路』。宋代爲了加强商貿往來，於北宋神宗元豐三年（一〇八〇年）頒佈了中國歷史上第一部海洋貿易管理條例《廣州市舶條法》，并稱爲宋代貿易管理的制度範本。

元朝在經濟上採用重商主義政策，鼓勵海外貿易，中國與歐洲的聯繫與交往非常頻繁，其中馬可·波羅、伊本·白圖泰等歐洲旅行家來到中國，留下了大量的旅行記，記録元代海上絲綢之路的盛况。元代的汪大淵兩次出海，撰寫出《島夷志略》一書，記録了二百多個國名和地名，其中不少首次見於中國著録，涉及的地理範圍東至菲律賓群島，西至非洲。這些都反映了元朝時中西經濟文化交流的豐富内容。

明、清政府先後多次實施海禁政策，海上絲綢之路的貿易逐漸衰落。但是從明永樂三年至明宣德八年的二十八年裏，鄭和率船隊七下西洋，先後到達的國家多達三十多個，在進行經貿交流的同時，也極大地促進了中外文化的交流，這些都詳見於《西洋蕃國志》《星槎勝覽》《瀛涯勝覽》等典籍中。

關於海上絲綢之路的文獻記述，除上述官員、學者、求法或傳教高僧以及旅行者的著作外，自《漢書》之後，歷代正史大都列有《地理志》《四夷傳》《西域傳》《外國傳》《蠻夷傳》《屬國傳》等篇章，加上唐宋以來衆多的典制類文獻、地方史志文獻，集中反映了歷代王朝對於周邊部族、政權以及西方世界的認識，都是關於海上絲綢之路的原始史料性文獻。

海上絲綢之路概念的形成，經歷了一個演變的過程。十九世紀七十年代德國地理學家費迪南·馮·李希霍芬（Ferdinad Von Richthofen，一八三三～一九〇五），在其《中國：親身旅行和研究成果》第三卷中首次把輸出中國絲綢的東西陸路稱爲『絲綢之路』。有『歐洲漢學泰斗』之稱的法國漢學家沙畹（Édouard Chavannes，一八六五～一九一八），在其一九〇三年著作的《西突厥史料》中提出『絲路有海陸兩道』，蘊涵了海上絲綢之路最初提法。迄今發現最早正式提出『海上絲綢之路』一詞的是日本考古學家三杉隆敏，他在一九六七年出版《中國瓷器之旅：探索海上的絲綢之路》中首次使用『海上絲綢之路』一詞；一九七九年三杉隆敏又出版了《海上絲綢之路》一書，其立意和出發點局限在東西方之間的陶瓷貿易與交流史。

二十世紀八十年代以來，在海外交通史研究中，『海上絲綢之路』一詞逐漸成爲中外學術界廣泛接受的概念。根據姚楠等人研究，饒宗頤先生是華人中最早提出『海上絲綢之路』的人，他的《海道之絲路與昆侖舶》正式提出『海上絲路』的稱謂。選堂先生評價海上絲綢之路是外交、貿易和文化交流作用的通道。此後，大陸學者馮蔚然在一九七八年編寫的《航運史話》中，使用『海上絲綢之路』一詞，這是迄今學界查到的中國大陸最早使用『海上絲綢之路』的人，更多地限於航海活動領域的考察。一九八〇年北京大學陳炎教授提出『海上絲綢之路』研究，并於一九八一年發表《略論海上絲綢之路》一文。他對海上絲綢之路的理解超越以往，且帶有濃厚的愛國主義思想。陳炎教授之後，從事研究海上絲綢之路的學者越來越多，尤其沿海港口城市向聯合國申請海上絲綢之路非物質文化遺産活動，將海上絲綢之路研究推向新高潮。另外，國家把建設『絲綢之路經濟帶』和『二十一世紀海上絲綢之路』作爲對外發展方針，將這一學術課題提升爲國家願景的高度，使海上絲綢之路形成超越學術進入政經層面的熱潮。

與海上絲綢之路學的萬千氣象相對應，海上絲綢之路文獻的整理工作仍顯滯後，遠遠跟不上突飛猛進的研究進展。二〇一八年厦門大學、中山大學等單位聯合發起『海上絲綢之路文獻集成』專案，尚在醖釀當中。我們不揣淺陋，深入調查，廣泛搜集，將有關海上絲綢之路的原始史料文獻和研究文獻，分爲風俗物産、雜史筆記、海防海事、典章檔案等六個類别，彙編成《海上絲綢之路歷史文化叢書》，於二〇二〇年影印出版。此輯面市以來，深受各大圖書館及相關研究者好評。爲讓更多的讀者親近古籍文獻，我們遴選出前編中的菁華，彙編成《海上絲綢之路基本文獻叢書》，以單行本影印出版，以饗讀者，以期爲讀者展現出一幅幅中外經濟文化交流的精美畫卷，爲海上絲綢之路的研究提供歷史借鑒，爲『二十一世紀海上絲綢之路』倡議構想的實踐做好歷史的詮釋和注脚，從而達到『以史爲鑒』『古爲今用』的目的。

凡例

一、本編注重史料的珍稀性，從《海上絲綢之路歷史文化叢書》中遴選出菁華，擬出版百册單行本。

二、本編所選之文獻，其編纂的年代下限至一九四九年。

三、本編排序無嚴格定式，所選之文獻篇幅以二百餘頁爲宜，以便讀者閱讀使用。

四、本編所選文獻，每種前皆注明版本、著者。

五、本編文獻皆爲影印，原始文本掃描之後經過修復處理，仍存原式，少數文獻由於原始底本欠佳，略有模糊之處，不影響閱讀使用。

六、本編原始底本非一時一地之出版物，原書裝幀、開本多有不同，本書彙編之後，統一爲十六開右翻本。

目録

北户録

北户録

三卷

〔唐〕段公路　撰

〔唐〕崔龜圖　注

明文始堂抄本

北户録卷第一

萬年縣尉　段公路纂

登仕郎前京兆府參軍崔龜圖注

通犀

通犀　山海經云犀似水牛而猪頭脚似象有三蹄大腹黑色三角一在頂上一在額上一在鼻上鼻上小而不㯼音[illegible]又云鼻上者食韓詩外傳曰太公使南宫适至義渠得駭鷄犀獻紂犀角二一在頂上一在鼻上鼻上者食角也今人呼為胡帽犀是也抱朴子云犀解於山中人不知其角伐之犀不覺後年輒解也又南州異物志云獸曰玄犀處自林麓食唯棘刺體兼五肉又含精吐烈望如華燭置之荒野禽獸莫觸置大霧重露下終不沾

濡又堪為釵毒縣事見吳均續齊諧記蔣潛得通犀毒縣後被豫章王江夏夫斷以為釵並名遠花又云宋岑獲通犀毒縣賣與廬陵王義真又元康末婦人以犀角璹瑁為斧鉞戈戟戴之用也攪藥酒酒生沫若貯米飼雞雞見輒驚散一呼為駭雞犀駭雞犀出大秦又有辟水犀行則水為之開或中茵箭刺於創中立愈蓋犀食百毒棘刺故也愚重譯於蕃人事皆不盡廣志云犀角之好者稱雞駭白郭子横云又犀角表裏一作遠有光因因一作苦名明犀置闇中有影色今廣州有善理犀者能補白犀東觀漢記曰章帝元和元年日南獻白雉白犀補時以鐵夾夾定㮚水煮煖而拍之膠為一躰制衣梳掌多作翁奧隨

意匠物論其妙至於鑄玉者方之蔑如也又有栽龜甲或此角蠵（𧑓日一作吹切）脚者陷黑玳瑁為班點者亦以鐵夾煑而用之者為腰帶櫬楪子之類其焙（一作烘）淨眞者不及也玳瑁切韻字從玉文選字從虫歐陽詢飛白從甲愚以甲為是（字詁亦從甲也）凡瑇瑁甲生取者治毒第一其力不下婆薩石愚嘗耴觧毒立驗南人神之亦甚辟惡與竹符拔甲相類（廣志云符拔如麟黑皮有麟甲甲可以辟惡也）

孔雀媒

雷羅數州收孔雀雛養之使極馴擾致於山野間以物絆足傍施羅網伺野孔雀至即倒網掩之舉無

遺者或生折翠羽珠毛編爲箍子拂子之屬
粲然可觀直其神物也又後魏書龜茲國孔雀群飛山谷閒
人取養而食之孳乳如鷄鶩其王家恒千餘隻一說孔雀
不必足偶但音影相接便有孕如白鶂雄雌相視則孕
或曰雄鳴上風雌鳴下風亦孕見博物志又淮南公
相鶴經曰後六十年變止雌雄相視目精不轉而孕千六百年形定
也又嵇聖賦直豪豕自爲雌雄鵔鶂曾無牡牡即雌兔舐雄而
孕是矣又周書曰成王時方人獻孔鳥方亦或别名山海
經南方孔鳥郭璞注孔雀也宋紀曰孝武帝大明
五年有歸獻白孔雀爲瑞者臆象以齒而焚麝香而
死今孔雀亦以羽毛爲累得不悲夫愚按說文曰率鳥

者繫生鳥以來名之曰囮字林音由今獵師有囮也淮南子萬畢術曰鴟鵂致鳥注云取鴟鵂折其大羽絆其兩足以為媒張羅其旁衆鳥聚矣博物志又云鵂鶹休留鳥一名鴟鵂晝日無所見夜則目至明莊子云鴟鵂夜撮蚤察毫末晝出瞋目而不見丘山言性殊也人截手爪弃露地此鳥夜至人家拾取視之則知有吉凶凶者輒更鳴其家有殃咎也陳藏器引五行書除手爪埋之户内恐為此鳥所得其鵂鶹即姑獲鬼車鴟鵂類也姑獲玄中記云夜飛晝藏一名天帝少女一名夜行遊女一名隱飛好取人小兒食之今時小兒之衣不欲夜露者為此物愛血點其衣為誌即

取小兒也又云衣毛為鳥脫毛為女人昔豫章男子見田中有六七女人不知是鳥扶匐往先得其所解毛即一作取藏之即往就諸鳥諸鳥各走取毛衣飛去一鳥獨不去男子取為婦生三女其母後使女問父知衣在積稻下得之衣而飛去後以衣迎三女兒得衣亦飛去鬼車一名鬼鳥今猶九首能入人屋收魂氣為犬所噬一首常下血滴入家則凶荆楚歲時記夜聞之捩狗耳言其畏狗也白澤圖云昔孔子子夏所見故歌之其圖九首今呼為九頭鳥也毛詩義疏曰鴞大如鳩惡聲鳥入人家凶其肉甚美可為炙漢供御物各隨其時唯鴞冬夏施之以其美也禮內則曰鴞

胖（一作判）莊子實見彈求鴞炙陳藏器又云古人重其炙尚肥美也又按說文曰梟不孝鳥至日捕梟磔之如淳曰漢使東郡送梟五月五日作梟羹以賜百官以其惡鳥故食之愚謂古人尚鴞炙是之意欲滅其族非爲其美也又淮南萬畢術鷂尾止鴞耽破鷂向梟抵之鞹自止也

鷓鴣

衡州南多鷓鴣解嶺南野葛諸菌毒及辟溫瘴前臆文爲白圓點又一名鵃（音述）多對啼一母啼連轉數音其韻甚高廣志言遮姑鳴云但南不北（如迯罔說）懸壺盧繫頸　古今注云其鳴自呼常向日（一作南向）飛畏

雲早晚稀出飛即以樹葉覆其身也南越志云鷓鴣充
鳥也雖復東西迴翔然而命翮之始必也南翥其鳴
自呼杜薄州食之云瘃此三說啼聲豈同於牛屋離哉
唯本草說鳴云鉤輈格磔竹客反小類

鸚鵡瘴

廣之南新勤春十州呼為南道多鸚鵡字林鸚鵡書
此鵡字文江表傳曰孫權曾大會有不白頭鳥集殿前權曰此何鳥
諸葛恪曰白頭公張昭自以坐中最老疑恪戲之因曰未聞鳥名白頭公
請使諸葛復求白頭母恪曰鳥名鸚母未必有對請使輔吳復求鸚
父也又說文鸚從鳥嬰聲鵡從鳥母聲又曲禮鸚鵡能言不離飛
鳥又山海經云數歷之山其鳥鸚鵡又云廣山有之舌似小兒舌腳

指前後各兩指扶南徼外有五色純白純赤者翡翠衿丹嘴巧解
人言有鳴曲子如喉轉者但小不及隴右每飛則數千百
頭南史云天竺迦毗利國元嘉五年獻赤白鸚鵡各一頭又漢獻
帝傳曰興平元年益州蠻夷獻鸚鵡三枚各食三升麻子益
鳥有損無益後詔歸本土食不棄榕實凡養食之俗忌以
手頻觸其背犯者即多病顫而卒土人謂為鸚鵡
瘴愚親鸚鵡之咸通十年夏初有三木一作大船將五色
鸚鵡至者 南方異物志鸚鵡有三種青者大如烏臼白者大如
鵝五色者大於青者 五色者出杜薄州也 雖繡羽錦衣而病
其胡語昔天監年交州有獻能歌鸚鵡者詔亦不納
又張華有白鸚鵡華每行還輒說僮吏善惡後寂然無言華

側其放鳥云見籠中何由得知華在外令呼鸚鵡鸚鵡曰昨
夜夢惡不宜出戶華猶強之至庭為鸇所獲人教其鸇脚僅
而得免又幽冥錄晉司空桓豁在荊州有參軍剪五月五日鴝鵒
舌教令學語遂善能效人語笑聲司空大會吏佐令悉效
四座語無不絕似有一佐齆鼻語難學學之未似因內頭於
瓮中以效焉遂不異也後主典人盜牛肉鴝鵒白參軍參軍
曰汝云盜盜肉當應有驗鴝鵒曰以新荷裹著屏風後檢之
果獲而盜者怨恚以熱湯灌殺之參軍為之悲傷累日遂請
殺此人司空曰不可以禽鳥故而極之於法令止五歲刑也又淮南萬畢術
云寒皋斷舌可使語寒皋一曰鴝鵒

赤白吉了

其一作昔年普寧有廉州民獲赤白吉了各一頭獻於刺史者其赤者尋卒白者甚久而能言凡語笑悉皆斆人斯珍禽也吉了身黑此角赤首戴黃冠善斆人笑言声明切於鸚鵡好食鷄子飯也愚按雲物上瑞鳥獸中瑞草木下瑞夫聖人至德所臨則嘉祥必見故前有引赤雀白雀赤鳥烏白鳥一作烏赤鷰白鸞之流衆矣瑞應圖曰赤雀瑞鳥也云云又孫氏瑞應圖曰王者奉己儉約尊事耆老則見秦繆公出狩至於咸陽日稷庚午天震大雷有火下化為白雀衘綠丹書集公車公俯取其書言繆公之霸霸訖胡亥秦家世事又禮稽命徵曰得礼之制澤谷之中有赤鳥焉孝

經援神契曰德至鳥獸則白烏下文熊氏瑞應圖曰
王者八荒有序經緯不差應時之性命則赤雀銜冊
書而至白戠鳥事略同也愚恐又見顧野王以遠方所貢
赤白鸚鵡編爲瑞者今因録赤白者予亦請附焉宋
記曰文帝元嘉中湘州獻赤鸚鵡蔵榮緒晉書曰義熙中林
邑獻白鸚鵡也

緋猨 一作蝯

公路咸通十年往高涼程次青山鎮鎮府設以備他盜也
其山多猨有黄緋者緋者絶大毛彩殷鮮真謂奇
獸夫猨則狙玃 猨五百歲爲玃抱朴子曰猴壽八百歲變
[illegible]曰猨似猴大而黑長前臂猨所以壽者好引其氣也猱猴

也犺似猿之類其色多傳青白玄黃而已小說云任彥爲交州時林邑王范能獻青白猿登口山海經云堂庭山多白猿今三峽有白蝯猿接摟炭經云鳥有四千五百種白處虎通云羽虫三百六十有六鳳凰爲之長毛虫三百六十有六麟爲之長今則豈可窮其猴類歟其猿能伏鼠論衡曰鹿之角足以觸犬猴之手足以搏鼠然而鹿制於犬猴伏於鼠亦如淮南子云蝟使虎申蛇令豹止物各有所制也多群行玄者善嗁啼雌黃而雄黑也嗁啼數声則衆猨叫嘯騰擲如相去呼鳥其膏連入肝脾謂鶬鸄徵方當知一部鼓吹豈獨於鼉聲者哉愚因召獵者捕而畜之目爲巴猿極馴不貪食於樹杪間呼之則至但臂

長身不便於行而未見通轉者也後一歲自潘州迴路歷仙墟潘茂真人燒丹之處南人呼市為虛今三日一虛按神農氏日中為市致天下之民聚天下之貨交易而退各得其所蓋取之噬嗑日勿下繫噬嗑合也市人之所聚異方之合耳閩旧山獠啼不食而卒噫其為獸之性何其仁耶是知鄧艾(或作芝)感事投弓敢與盧語且梁朝猿卒責食吏遽置方返鹿心(似)柿四實及責亥圃養食猿吏云殘林猶獲(其)子堪(無)平復引雞豕鵝覗狗蓋馬帷之事瘞之文陸機快犬黃耳能解人言常傳書(自)函洛至吳幾半月而返及死機為制衣棺瘞殯之村人号為黃耳冢愚忽遂斷其[illegible]藉之以薪

蔵之以軟

蚺蛇牙

蚺蛇大者長十餘丈圍可七八尺多在樹上候獐鹿過者吸而呑之至鹿消即纏束大樹出其頭角乃不復動夷人伺之方竹籤籤煞取其膽也亦如巴蛇食象三歳出其骨金樓子云楚詞云蛇有呑象厥大何如故南裔異物志云蚺惟大蛇既洪且長采色駁犖其文錦章食豕呑鹿腴成養創賓享嘉饋是豆是觴言其養創之時肪腴甚肥美搏之以婦人衣投之則蟠而不起證俗音云蚺蛇肉食之辟蠱毒元和通覧引括地志云蚺蛇牙長六七寸土人尤重之云辟不

祥利遠行賣一枚直牛數頭愚意按古方刮虎牙治犬
咬瘡神妙効無比未聞蚺牙有利於行者抱朴子云
蔡誕入山還家云被謫到崑崙崑崙下白虎蟒蚺
長百餘里口中牙皆三百斛船大一何壯哉此廣州海
南縣每年端晉午常取其膽供進蚺則諸郡採送錄
事參親看出之按晉中興書曰顏含嫂病困須髯
蚺膽不能得含憂嘆累日有一童子持青囊授含
乃蚺膽也童子化為青鳥飛去以此驗之真膽不
可得也近勅令桂賀泉廣四州輪次進焉其青
俗傳不利人其皮可鞔鼓今潮州和鱔為之聲
絕鳴與象皮鼓相類蕃船上多以象皮鞔鞻鼓長而

頸尖如象棗核謂之橫枙轂廣志云象性久別見其子皮必泣
一枚重千斤南越志云開寧縣多吳公大者皮可鞔
鼓沈瑩異物志云東南海中吳公長數丈啖牛俚人秋冬間遇之鳴
鼓与舂堂避之驅逐之

紅虵

公路至雷州對岸倚舟候風勢見居峯小兒竹簇一巨
蛟各長丈餘一如孔雀毬毛色金翠奪目一如真紅虵
色鮮明若血又有十餘白虵前後相次若道可從俱入一
榕藤窠中内竟不復出故知蛇有草木水土四種其
類不可窮也又歸化縣有兩頭虵一名越王虵南越志云無
毒夷人餌之兼名苑云兩頭虵修一名越王約髮俗占見

之不祥然論衡引楚之相孫叔敖天禍者何也會冣
又云渾夕之山嚻水出焉有蛇一首兩身名曰肥遺見
則大旱管子曰涸水之精名曰蟡音威一頭兩身以其名呼
之可使取魚鼈長八尺蛇也愚又憶近事韋中令皐
鎮西蜀時有黃一樹方熟忽數又衆賓皆言唯楮
樹一蔕獨存甚大如桃枝葉滋茂異於常者園吏
具白韋令韋令親視之曰此奇果也非臣下宜食議
欲表進令去蔕數尺餘折之其實從蔕自落
有善醫者昝殷侍音曰凡木實未過時蔕脫者
乃實之病也請針鍼驗之韋令再三方許昝殷引針
就蔕刺之其實應手而轉殷則連下一刺血濺盈韋

令大鷙鳥啗命破之乃兩頭虵也異苑又云河内司馬元猶元嘉中為彰埊令長官月旦祭柑化為而鴉又何怪也

蛤蚧

蛤蚧首如蟾蜍背淺綠色上有土黃斑點若古錦文長尺餘尾絕短其族或作數則守宮博物志云蠷蜓以器養之食以真朱軆盡赤重七斤擣萬杵以點女人支体終身不滅滛則點落故号守宮漢武為之有驗也刺蜴搜神記謂之刺蜴蠷蜓證俗音云山東謂之蝀蟘音七賜名㪣反又上音蝀下陷字見說文在草曰蜥蜴陝以西謂之壁宮蝀蟘字見韻集又說文云在壁曰蝘蜓古今注曰龍子善於樹中捕蟬食之五色者曰蜥蜴

短大者爲蝾螈一曰蛇師大者長三尺其色玄紺善螫人鄭公虔曰又云蝾螈蜥蜴蝘蜓守宮别名曰又蝾螈蛇醫也多居古木竅中自呼其名聲絶大或云一年一聲耳驗之非也端州大廳有蛤蚧州吏云有來多年至今每鳴或三聲或二声不定也又有十二時亦其類也大者長一尺尾長於身背生鬐鬣行疾如飛嶺南傳云自旦至暮變十二般色傷人必死嵩愚常獲一枚閉於籠中覩之止見黄褐赤黑四色一云其首隨時輙作十二屬屬形乃言之過也

紅蟹殼

儋州出紅蟹殼之排云說文或作蠏郎蝤蟹擁劒證俗

音蝤蛑大蟹也音在候草侯反又古今注云云擁劍一名執火螯
林[illegible]異物志訓云擁劍狀如蟹但一螯耳異物志俗謂之越王餘下
何遜詩云躍臭如擁劍是不分臭蟹也蟛蜞證俗音云有
毛者曰蟛蜞無毛者爲蟛蜞蝤俗呼彭越訛耳世說云蔡司徒
誤食蟛蜞吐下謝仁祖曰卿讀尔雅不熟[illegible]幾爲勤學死蝑
音胥倚望臨海異物志倚望常起顧睨西東其狀如彭
螖大行塗土四五進輒舉兩螯八足起望行如七青色也招潮
修文殿御覽招潮小彭螖殼白依潮潮長退皆坎外舉螯不
失常期俗言招潮子也蝎朴臨海異志曰蝎朴大於彭螖殼
黑斑有文章常以大螯障目屈其小螯取食也沙狗臨海異
物志云沙狗似彭螖壤沙爲穴見人則走甚遒不可得也蘆虎

臨海水土異物志曰蘆虎似彭蜞兩螯正赤不中食也數丸
蕪名苑曰數丸形似蟚蜞競取土各作丸滿三百丸而潮至大
小蟹上多作土三點深黑支色也亦如鯉之三十六鱗
耳陳思王云五尺之鯉一寸之鯉但大小殊而鱗之數等其
殼與虎蟹堪作罍子（一作疊）虎蟹殼赤黃色文如虎背
斑至於鸚鵡螺杯不可同年而語也鸚鵡今多之
名見吳均集鸂鶒兩鳥也喙大約一尺黃赤色受二升堪為酒
杯南越志曰一名越王鳥竺法真登羅山疏曰鳥狀似鵲口勾可
可受二升南人以為酒杯珍於文螺鳥不餌虫臭惟噉木葉
糞似薰香按蟹一名蛫（音詭）廣雅云雄曰蜋螘雌曰
博帶抱朴子又云山中辰日稱無腸公子蟹也古

今注云小蟹一名長卿廣志云蜅音脯小大如貨錢
又蟹奴如榆莢在其腹中生死不相離博物志云南海
有水虫名曰蒯蛣蛤之類也其中小蟹大如榆莢蒯蛣開甲食
則蟹亦亦出食蒯蛣合蟹亦還入始終生死相離也山海經載千
里蟹金樓子云天下之大物有北海之蟹冥洞記有頁百
足蟹長九尺四螯者今恩州又出石蟹其類則零陵
鸐鳥湘鄉魚建寧蝦綿谷鼈也零陵石鸐鳥遇雨則飛
又庾穆之湘州記云湘鄉縣有石魚山岩色黑而理若魚開發一重
輙有魚形鱗鬐首尾若刻畫燒之作魚臭亦如水經云鄭
鄉縣西山出石蝦蟹南越志建寧出石蝦也又年代錄云石[illegible]李
龍時利州綿谷縣山北溪中有石鼈數千頭登岸暴田苗發軍

殘毀至今鼇無頭也

蛺蝶枝

公路南行歷懸藤峽峽即冨春界也維舟飲水首觀岩崗側有一木五彩紛謂冊青之樹武陵記辰州崗溪有冊青樹直上笼籠雲下無枝條上有五色葩葉圓如華蓋骨盘云葉在辰陽縣也因命童僕採之頃獲一枝尚綴嫩蝶凡二十餘箇有翠碧紺縷者金眼丁香眼紫班者黑花者黄白者緋脉者大如蝙蝠者小如榆莢者沈香腳賦云二六角六足蠕腹狀蛾脉紺縷以玄翅點赬珠以緗窠也愚因登岸視之乃木葉化焉是知蝶生江南柑橘樹中古今注蛺蝶一名野蛾江東人謂之撻末其大黑色或青斑者

名鳳子一名鳳車一名鬼車是也麥為蝴蝶烏足之葉為
胡蝶皆造化使然豈虛語歟公路常蠱皆具外聲筆說
提得一粉蝶如兩手大上有散緑點丁香眼前翅頭兩畫黃色
後翅為燕尾分菸蝶之異也又會要云大食西国隣大
海常遺遣人乘船經八年未極西岸中有一方石
石上有樹幹赤葉青樹生小兒長六七寸見人皆
笑動其手脚尻着樹枝其使摘取一枝小兒即
死也異苑云太元中汝一作海南人入山伐見一竹中央
蛇形已成上枝葉如故吴郡桐廬民嘗伐竹薪旧作幹
遺竹了窗見化旧無化字雉頭頸盡就身猶未變此亦
竹為蛇蛇為雉也

紅蝙蝠

紅蝙蝠出瀧州背深紅色唯翼脉淺黑多雙伏紅蕉花間採者若獲其一則一不去南人收為媚藥與象鼻蟲蟞珠蠬蝆諸龍為比象鼻蟲有鼻長三寸許而紅其前翅翼其翅塵色副翼其斑紅色多在龍眼樹鱟魚珠廣州記云鱟形如熨斗郭璞云形如惠文冠青黑十三足十三足一作大二尺雌常負雄取之必得其雙如麻子堪為醬醬即鱟子醬也其珠如粟黃南人或帶或礦飲之云利市蠬蝆生於橄欖樹上自呼其名聲響音岩谷諸龍雄飛雌至出瀧州水族至其前者即跳躍自置諸龍取而食之旁十里投荒錄亦具記王子年拾遺云有五色蝙蝠異物

志蟲魚因風雨入空木而化為蝙蝠其肉甚美靈芝之圖說白蝙蝠古今註一曰仙鼠五百歲則色白腦重集物則頭垂故謂倒挂蝙蝠食之神仙水經云夷道册水逕亭下有石穴穴中有蝙蝠大者如鳥倒挂玄中記說略同服之壽萬歲又媚藥載嗽金鳥辟寒金三国時昆明国貢嗽金鳥鳥形如雀色黃常翱翔海上吹或作吐金屑如粟鑄以為器服宮人爭以鳥所吐金為釵佩謂之辟寒金以鳥畏寒也又宮人相嘲弄不服辟寒金那得帝王心龍子事具哈吟布穀腳脛骨媚異也男左女右帶之置枕中能使隨逐爾雅云又謂之鳲鳩今人云布穀牡牲飛鳴以翼相擊又作鼓手云鳴鳩拂其羽鵲腦淮南萬

畢術云令人相思砂棲一名苟子能倒行置枕中令夫妻
相好事見陳藏器本草䔄草姑媱山帝女死焉其名曰女
尸化䔄草其葉葺葺一作胥或言葉相重者亦遥要華
黃或作萓服之媚於人名荒夫草此文是也苟章青要之
山有苟章狀如葌菅似茅也方莖黃花赤實其本如藁本名
曰苟章或音苞服之美人色令之人更美艷也左行草使人無情
范陽常進大業雜記云錯綵蔓花似左行草花葉纖長而
多色正赤甚美香也獨未見錄紅蝙蝠雲母豈闢
戴手又有無風獨搖子亦生山嶺中男女帶之
相媚頷若彈子尾若鳥毛兩葉開合見人自動
故曰獨搖草本草拾遺具之一作也又陳嚣云榼

子蔓生取子中人多食之主蠱毒帶於衣令人有媚
迷人子如瓜無毛秋熟色赤形如酒榼也

金龜子

金龜子甲蟲也五六月生於草蔓上大於榆莢細
視之真金帖龜子行則成雙類壁龜耳事見洞
冥記其蟲死則金色隨滅如螢光也南人收以養粉
云與衣粉相宜按竺法真登羅山疏曰金
光蟲大於班苗形色文彩似金龜余偶得之養
玩彌日疑此是也又南雍州記曰石橋水經南陽
結為池出靈龜色如金縷也 玉眉亦具論衡又云龜
三百歲大如錢暑七十歲一筮此神物故生遲也

乳穴魚

全義之西南有山曰盤龍山有乳洞斜貫一溪號曰
靈水洞□曰山曰靈山水曰靈泉出而有靈是以名也其地志
山經所不載又出魚魚無大小脩尾四足丹朱其腹浮泳自若
漢人不敢鉤之昔有人窮其源至數日者冒炬多為
白蝙蝠所撲君甲風雨聲習習然皆毛戰不敢進
蓋神仙之窟宅豈界腥膻者擬容易造乎夫天下
名洞三十有六而洞庭□林屋當其九也按洞庭林屋吳
即吳王使龍威丈人得禹書之處禹書曰靈寶經三卷亦曰
靈寶符吳子胥被受之不解其詞乃遣此以問孔子孔子不發其
函而言昔聞　童謠曰吳王出遊觀五湖龍威丈人名隱居北上包

使賞

魚

山人唐壚乃造洞穴竊禹書天帝卷文不可舒令強取之令因靈又華陽洞是林屋洞之右門也其小者不可勝言得非名在九嶷志中世俗所未聞耶其洞有金沙龍盆魚皆四足脩尾丹腹狀若守宫游泳水濱人莫敢動犯按御覽云盤龍山天宝六年改爲龍蟠山山有石洞洞中有石床石盆以丹秉燭遊者常見龍蹄洞中小水水有四足魚皆如龍形人殺之即風雨也然唐韻云鰼魚名四足山海經云人魚如鯑音鯑四脚出丹洛二水有鯢大者謂之鰕音蹄尔雅注鯢似鮎四足聲似小兒但未見言其可致風雨耳出路國思道書説五頭魚魚一作高鮑張天師二十四治其之

三足鹿 翔法師云四明山有白鹿二頭三足即葛仙公桐
杋所化皆神化所致不可以類而稱也若以魚之異
者則醴水之魚名朱鱉六足有珠 呂氏春秋 具江賦云
頳鼈哺躍而吐璣璣是也又歷澗潭有五色魚俗以為
靈而莫敢捕因謂是水為龍魚水 水合蘼洴水
又丹水出丹魚先夏至十日夜伺之丹魚必浮
水側赤光上照赫然如火網而取之割血以塗足下
則可步履水上 出丹水郿抱朴子具南越志有魚名
騰色黃味美夜則有光一如照燭 又翔法師云此魚魚
一首十身氣味如蘼蕪 山海經何羅魚一首十身皆如犬
吠食之已癰也 初學記引魚經鯉背上有斑文腹下有純

音齋

青海水将潮及天将雨毛皆起潮還天晴毛則伏常數千里外可知海潮亦如博物志云牛魚也又金魚腦中有麩金狀如竹頭魚出邛州婆塞江一名江魚常食麩金又吳王江行食鱠有餘弃江中為魚今江中有魚名吳王餘鱠者長數寸大如箸是也又魏武四時食制曰望魚側如刀可以刈草出豫章白髮魚載髮形如婦人白肥無鱗出滇池又郭延生述征記曰城陽縣城南六里堯母慶都墓[illegible]前一池魚頭間有印文謂之印頰魚非告祠者捕不得臨海異物志又曰印魚鱗額上四方如印有文章諸大魚應死者印魚先封之又臨

海異物志云鰀（鰀一作䱵）指長七八寸但有脊骨好作羹滑美似々餅大者如竹竿（舊無竿字）腂作燭極有光明又比目魚一名鰈（音揲）一名鰜（音薫）狀似牛肝細鱗紫黑色一眼兩片相合乃行沈懷遠南越志謂之板魚亦曰左介介亦作魪（唐韻魪）比目魚也吳都賦云雙則比目片則王餘陳仲弓異聞記東城池有王餘魚池決魚不得去將死以鏡照之魚看影謂有雙於是比目而去異物志南方鏡魚圓如鏡也又異苑云鮥（音陷）魚凡諸鯨產鮥魚鰤々頭銜其腹世謂衆魚之生母又䲔々海水土異物誌鹿角魚頭上有兩角如鹿又云鰕（閩燕支）魚

背腹皆有刺如三角菱又神異經云黄魚長七八尺
尺狀如鱧魚晝在石湖中夜化為人夜旧作昼刺之不
入煑之不死以烏梅二七煑之即熟食之治邪病
若此之類豈勝言哉

海南諸郡魚種

海南諸郡郡人至八九月於池塘間採魚子着草上者
懸於竈烟上魚子八九月多於水韭上放子水西菜上放子西
水西菜即水草也土人呼之未詳至二月春雷發時
却收草浸於池塘間旬日内如蝦蟆子狀悉成細
魚其大如髮土人乃編織藤竹籠子塗以餘糧
或遍塗蠣灰禹餘糧也蠣灰即異物志古賁灰牡蠣殻又

南越志蚈蠔甲也收水以貯魚兒鬻於市者號爲魚種即鯪鯽鱧鯉之屬鯪魚其鱗如銀肉白如雪脆而宜脍甜偏宜作鱠北中無也故異物[志]曰南方魚多不肥美唯鯪魚為上作鱠比作炙尤香美又楚詞注曰鱝鯽魚說文作鰿永嘉記作鯽證俗音曰吳人呼為鯽魚也於池塘[闕]四一年内可供口腹也愚按陶朱公養魚經曰朱公謂威王治生之法有五水畜第一水畜魚也以六畝地為池池中有九洲求懷妊鯉魚長三尺者二十頭牡魚四頭以二月上庚日内池中令水無聲魚必生至四月内一神守六月内二神守八月納三神守神守者鼈也魚滿三百六十則蛟龍為之長而他將魚化飛

去内鼈竈則魚不復去池中周遶九洲無窮自謂江湖也至來年二月得鯉魚長一尺者一萬五千枚三尺者二十四枚至明年得長一尺者十萬枚長二尺者五萬枚長四尺者二十四枚留長二尺者二千枚作種所養理不相長也又欲令生魚法要須載取藪澤陂湖饒大魚之處近水際土十餘載以布池底三年之間即有大魚此由土中先有大魚子得水生也又南史云始興盧度字孝章有道術隱居屋前池養魚皆名呼之次第來取食乃去也又拂林國有羊羔生於土中其國人候其欲萌乃築墻以院之防外獸所食然其臍與地連割之則死唯人着甲走馬擊鼓

駭之其羣驚鳴而膌絶便遂水草煬帝欲通之竟不能致貞觀十七年其王波多力遣使獻赤頗黎金精等物又博物志云取鼈剉如棊子博赤莧汁和厚以茅苞之六月中投於池澤中經旬則臠臠成鼈矣也

水母

水母兼名苑云一名蚱一名石鏡南人治而食之云性熱偏療河魚疾也其法先以草木灰退去外肉中有一物或紫或白合油水再三洗之雜以山薑荳蔻煑過其瑩輒不可名狀至貴珠紫玉無以比方此物須以蝦醋食之蓋相宜也按博物志云東海有物狀如

凝血縱廣數尺無正貟名曰蚱亦無頭目腸藏衆衫
蝦隨之越人食之稽聖賦云水母東海謂之蛇音蜡
正白蒙蒙如沫(沫)生物皆別無眼耳故不(知)避人常有蝦
依隨之蝦見人驚此物亦隨之而驚以蝦為目自衛
也亦如視肉有眼以物擿之則其眼移處山海經曰視肉聚
肉也形如牛肝有兩耳食之盡〻尋復生也

北户録卷第二

萬年縣尉　段公路纂

登仕郎前京兆府參軍崔龜圖注

蚊母扇

端新州有鳥類青鵁而嘴大常在池塘間捕魚而食每一作穀則有蚊子群出其口今謂吐蚊鳥按尔雅曰鷏鳥[illegible]似烏鸔鸔音剥而大黄白雜色鳴如鴿鷇廣志云蚊母此鳥吐出蚊也土人云其翅堪為扇唯辟蚊子與陳藏器說同又云塞北有虻母草嶺南有虻母樹木此三色異類而同功南越志又云古度樹一呼那子南人號曰柁旦亞反不花而實實從皮中出

之

如綴珠璫其實大如櫻桃黃即可食其實中化為飛蛾出穿子飛出愚憩驗之亦有為蛾子者

鵝毛被

邕之南有酋豪多選鵝毛為被毛取頂上及腹下嫩毛蒸治之如稍畦衲之其溫軟不下綿絮也一云甚宜小兒愚記陳藏器云鵞鳥毛主小兒驚癇瘌瘌一作瘲瘛者蓋為世也按上古十二紀有合雒紀教人穴處自食鳥獸衣其皮毛豈遠夷尚敦古之遺風耶愚憶會要載女國毛服衣都播国緝鳥羽以為服洞冥記云董謁聚鳥獸毛寢其上家訓梁朱詹飢即吞紙寒則抱犬讀書亦事較著者也

紅蝦盃 或作鰕

紅蝦出潮州潘州南巴縣大者長二尺土人多理為杯或釦以白金轉相餉遺乃玩用一物也王子年拾遺云大蝦長一尺鬚可以為簪洞冥載蝦鬚杖馬丹常折丹蝦鬚為杖後棄杖為丹石於海傍也王隱晉書云吳復置廣州以南陽滕脩為刺史或語脩蝦鬚長一丈脩不信其人後故至東海取蝦鬚長四丈四赤封以示脩方乃服也然蕉名苑云廣州獻蝦頭盃脩文將盛酒無故自躍乃不復用愚又按毛詩義疏具大者有一尺六七寸今九真交阯以為杯盤实奇物也六韜商王拘周西伯於姜里太公與散宜生以金千鎰求珍物以免

君羆九江之浦有大貝百馮詩作朋也廣志曰海大蠡有大者受一斗南人以爲酒盃又搜神記謝端侯官人少孤爲鄉人所養年十八恭謹自守後於邑下得大螺如三斗盆將置瓮中早至野還見有飲飯湯火孰端疑之於籬外竊見一女從瓮中出至竈下燃薪火便入問之女答曰我天漢中白水一字或作泉素女天帝哀卿少孤使我來相爲守舍炊煑使卿後得婦當還今無故相伺不宜復留今留此殼貯米可得不乏忽有風雷而去也又陳祈暢異物志蒼鷹螺江東人以爲碗也

鷄毛筆

番禺諸郡如隴右多以青羊毫為筆　昭州擇雞毛為（筆）其（鋒）覆鋒亦有圓如錐方如鑿可抄寫細字者昔溪源有鷄毛筆以山雞毛雀雉毛間之五色可愛又徵其事得非江淹夢（中）者乎且筆有豐（狐）之毫　傅子云漢末筆非文犀之楨必象牙之筦豐狐之毫秋兔之翰虎僕之毛　博物志有獸緣木似豹名為虎僕毛可為筆也　蚼蛉鼠毛　蚼一作蠄　廣志云可以為筆　鼠鬚　均州出　羖䍽羊毛　邛州取腋下旋毛　麝毛　貍毛　鄭公虔云麝毛筆一管寫書直行四十張狸毛（筆）一管界行寫書八百張　馬毛　嘉州　羊鬚　陶隱居燒丹封鼎際用羊鬚筆　胎髮　[illegible]

嫗多以小兒筆髮為柱筆鄭虔云蕭祭酒常用之
又韋仲將筆方云筆柱或云墨注亦曰承墨又有柳筆
皮筆鐵筆也龍筋金陵拾遺具為之然未若
兔毫其宣城歲貢青毫六兩紫毫三兩次
毫六兩勁健無以過也今嶺中亦兔但纔大於
鼠比北中其軟弱不充筆用是知王羲之歎
江東縣兔毫不及中山又煬帝取滄州兔養食
於楊州海陵縣至今勁快不堪全用蓋兔
食竹葉故耳然次有鹿毛筆晉張華常用
之不下兔毫按博物志云筆蒙恬所作世有
短書名為董仲舒答牛享問曰蒙恬作秦

筆管鹿毛為柱羊毛被所謂蒼毫非兎毫也
夫有筆之理與書同生其尚書中候云龜負
圖周公援筆寫之其来尚矣

鷄卵卜

邕州之南有善行禁呪者取鷄卵墨畫祝而
煑之剖為二片以驗其黄然後决嫌疑定禍福
言如響荅據此乃古法也神仙傳曰人有病執茅
君請福煑鷄子十枚以内帳中須臾茅君悉
擲出中無黄者病多愈有黄者不愈常以此為
候風土記越俗性率朴淳而未散至於有疾不卜問所請
言天生天殺歸自然及其意親和或作好合即胞頭上巾幘

觧腰五赤刃以厚結之為交親親跪妻定交有禮俗皆當於山間大樹下封土壇祭以白犬一丹雞一雞子三名曰木壟雞犬在其壇地民人畏之不敢犯也祝曰上白天地父母某年某日甲與乙為友善上下四旁並不並見卿乘車我戴笠後日相逢下車揖我步行卿乘馬後日相逢卿當下如此者數千言蓋南人重雞卵也愚又見卜於流雜書傳虎卜紫姑卜牛蹄卜灼骨卜鳥卜雖不法於蓍龜亦有可稱者按博物曰虎知衝破又能畫地卜今人有畫物上者推其奇偶謂之虎卜異苑云世有紫女一書紫姑古來相傳云是人妾為大婦所嫉毋以穢事相役正月十五日

感激而死故世以其日作其形夜於門側間或豬闌邊迎之呪曰子胥不在是其壻名四字或作注曹夫人亦歸去即其大婦也下六字或作注小姑可出戲捉者覺重便是神来奠設酒果亦覺面貌輝輝有色即跳躍不住能占衆事卜行行作[illegible]来蚕桑又善射鈎好則大舞悪便仰眠又魏略曰高句驪有軍事祭天殺牛觀蹄以占吉凶蹄解者凶合者吉夫餘国亦爾又云倭国大事輙灼骨以卜先告令如中州令亀視坼占吉凶也又曾要曰東女國以十一月為正每至十月令巫者賫酒餟詣山中散麥於空中大呪呼鳥俄有鳥如雉飛入

巫者懷中因割開其腹有一穀來年必登若有霜雪必多異災其俗因名女為鳥卜武德中其女王遣使貢方物也公路又按子路見孔子曰豬肩牛膊可以得兆何必蓍龜孔子曰取其名也夫蓍者耆也龜舊也狐疑之事當時問耆舊也又有螺跋卜遺之或作又有[illegible]卜[illegible]遺之

鷄骨卜

南方逐除夜及將發船皆殺鷄擇骨為卜傳古法也漢書郊祀志云越祠鷄卜如鼠也今南人遵之頗有神驗每取雄鷄一隻以香米祝之後即折其腿削去皮骨或烹取之卜男左卜女右看之其骨有二穴數或七八穴數左為

人右為兕取陰陽之理也乃以竹籌擲於竅中而宄一作宦其兆
如雇人在上兕在下為吉人在下兕在上為凶如人兕頭相背
事遅緩相就事吉疾速占古即以肉祠船神呼為孟
公子孟姥其來尚矣按梁簡文舡神記云船神名
馮耳五行書云下船三拜三呼其名除百忌又呂
呼為孟公孟姥劉思慎云玄冥為水官死為水
神冥與孟嚴相似又子孟公父名憒母名衣子孟姥父名
板母名履或云冥公冥姑因玄冥也異苑云舡人
日孟公孟姑利涉之所虔奉商賈之所崇仰也荊州
送迎恒享牛為祭桓宣武始鎮陝西不依旧法祭
至洲州平來中江而漂梢柂莫制呪請立止公路咸通

辛卯年從茂歸南海陸盡東口行次程舟人
具牢醴以祭江神請愚為祝詞曰歲在單閼時
及朱明柳絮風走桃華水平倚蘭橈檝兮淺
岸張布帆颿長汀粵有舟子請禱玄冥孟家
遂即逢高檣聞左郭列胖舸呼著作召靈胥
邀海若對蛟涌一作九角而烹宰當鹿床而命爵
於是具六味羅八珍羽毛咸備蘇膏必陳剖蜆
陸兮合雜剞慱帶兮繽紛螃音謗玉色奠
錦文噎鳩餅脆騎驢酒新無非可口兼乃着人
果則獨根橄欖焦核荔枝三節拼睹細腰蹷
浴署預蠡菁素藕烏稗委盤篡縈縈堆案離離

更越方之儔辮髻之卑或衣朱裳衣或塗土羽翠儻黑奏曲擿絃燃膏（膠一作）藝蕙初叙訶而迴膽（叙訶一作斜倚）遂傳詞而連嘘（嘘）詞云神下降兮龖驤巫歡喜兮鼠態駕雷電兮熒煌擁炬霹（霹）靂（靂）雲靆又曰舡容窠兮何在穭（鱺一作）安穩兮緋佪絕駕波兮此去隨馭潮兮揭來

象鼻炙

廣之屬城循州雷（潮）州皆產黑象牙小而紅堪為笏裁亦不下舶上來者（陶貞白云凡夏月治藥亦宜以象牙置鼻邊）土人捕之爭食其鼻云肥脆偏（堪）宜為炙滋味小類而含消（今之炙也亦

不知一剖牛心猩猩脣之美也愚按鰭魚禨
埜反兩味犀有五肉象有十二肉其膽隨月轉
耳陳藏器云唯鼻是其本肉諸即雜肉凡象
白者西天有之五真臘有戰象五千頭會要云又
供御隨國有青象皆中夏無也梁翱法師云
象一名伽耶古訓云象孕子五歲始生山海经
云性妬不畜淫子西域記云有一僧行遇群象
上樹避之象隨倒樹負之至林中有一病象足
瘡而卧引沙門手至所苦處乃竹刺沙門為
拔去之列衣裹與衆餞墳一象持金函授病象
轉授沙門發視之乃佛牙也又萬歲曆曰成

帝咸康六年臨邑獻象上知跪拜博物志曰日南四象各有雌雄其一雌死百有餘日其雄泥土着身獨不飲酒食肉長吏問輙流涕有哀狀

一本此段甚詳

鵝毛脡

恩州出鵝毛脡乃塩藏鱎音幸魚其味絕美其細如鰕鯡郭義□恭云小魚一斤千頭未之過也西州有魚大如針蜀人以爲醬也又有嘉魚出邕江石穴中魚下至梧州戎城縣水絕美亦堪爲脡左太冲蜀都賦云嘉魚出於丙穴注云丙穴在漢中沔陽縣北有魚所常以三月八月取

之丙地名也魚鱗似鱒 才本切 細 魚博物志說同或
云魚以丙日出宂故陳藏器云嘉魚乳宂中小
魚能久食力強於乳丙著向陽宂多生此魚魚
復可能擇丙日出入耶議者以陳言為是鄭善
長云宂口向丙又引栢枝山山有丙宂宂方數丈
水有嘉魚常以春末出游渚魚 誤作冬 入宂故
知丙宂之魚不獨褒漢中有也愚按水經中之
宂通者謂之逵據山海經云半石之山合水出其陰其
陽多鰧魚其狀如鱖居逵逵水中之宂相交通者鰧
音騰

桄榔炙

桄榔莖葉波斯棗古散古散堪為柱杖椰子
檳榔小異其木如莎樹皮亦有字穰樹出麵
可食廣志云莎樹出麵華陽国志云郡北穀取桄
榔麵以牛酪食之吳録地志云交阯望縣有穰木
皮中有如白米粉者乾擣之水淋似麵可作餅臨海志
桄榔木作鋤互子盃反鈹音匹利如鐵中石益利唯中蕉
根致敗物之相伏如此皮中有米粉者中作餅餌會
最又曰云都句樹似栟櫚木中出屑如麵可啖出交州
洛陽伽藍記云昭儀寺有酒樹麵木得非桄
榔乎南史云扶南国有酒樹似安石榴採其花汁停
着甕中數日成酒醉人也木理有文理堪為握槊

局兼名花云其戲阿育王弟善容造梁天監中始来中土然双六賦云諸葛融開館延賓分曹並戲此則吴時已有賦內警句云若乃位占列星城分偃月或七縱而七擒或百犯而百伐又崔令欽六博云握槊胡戲後魏書術藝傳云胡王有弟一人遇罪將殺之弟從獄中為此戲以上之意言孤則易死其後遂入中國世宗以後大盛於時有趙國李幼序洛陽丘阿奴皆善之梁武帝謂之婆羅塞戲胡謂六為偃數曰二為嗺騖嗺騖令握槊幺幺皆轉轂也或云曹子建為之蓋以俱魏同得罪於兄事迹相似因此疑誤其心似藤心為炙大滋腴極美其髮須為帚香

潤絶勝櫻柟山海經亞一名栟櫚也賢豆書云縛
唱國納縛伽藍唐言新也有佛帚迦迦一作伽奢
草作也郭義恭又云醜尉曳可爲帚陶勝力
集記説鶻帚一名豊賢當

紅塩

恩州有塩塲出紅塩色如絳雪驗之即由
煎時染成差可愛也公路記鄭公虔云琹象
湖池桃花塩色如桃花隨月盈縮在張掖
西北隋開皇中常進焉一云十五日以前塩其月
半以後苦也按塩有赤塩紫塩黑塩青塩
黄塩書抄云沈約宋書曰虜至彭城與張暢

語送白鹽赤鹽又郭璞鹽鹽池賦云爛然漢明晃
赤霞赤是也又虞世南書云蔡邕從朔方報羊月
書云幸得無恙遂至徙所自城以西唯有紫鹽也
續漢書云天竺出黑鹽又北堂書抄引博物志云[illegible]
胡青鹽但以味色浮雜為不用耳黃鹽安[illegible][illegible]潤
中有色如鹽燕菁華者鄭虔亦述成之自然國
之寶也夫鹽本草云牢肌骨去毒虫明目益
氣我鹽卽万畢術鄉是也亦有如虎周官如印
博物志具又通典云九源歲貢印成鹽五原貢鹽山一
本無上五字四十顆又水經云龍城池廣千里皆為鹽
而剛堅有大鹽方如巨枕者又南史云大同中外國有

戭鳴鹽枕者如纖荆楚記具如石如水精狀者南
史月支恒水下有真鹽色正白如水精或取暮生又
非莫海所致者也

米䴵

廣州俗尚米䴵生熟粉為之規白可愛薄
而復脆亦食品環物也按梁劉孝威謝官
賜交州米䴵四伯屈詳其言屈豈今之數乎且
前朝短書雜説即有呼食為頭梁元帝謝
賜功德净饌一頭或入致口字云瑤器自備金鼎流味犨
含都蕉味資石蜜又謝賚功德食一頭云天厨净饌
菴羅法果又劉孝威謝賜聖僧餘福果食一頭云五

杏七桃靈氏仙棗以魚頭斗梁科律生奠若干斗茗為薄為夾溫貢茗二百大薄又梁科律薄若干夾云云筆為雙為床為枚搜神記云益州西有神祠自稱黃石公祈禱者持一百錢一雙筆一丸墨先聞石室中有聲便具吉凶不見形也南朝呼筆四管為一床梁簡文帝答徐摛一作擒書曰時設書幌一作幔下置筆床梁令云假書筆一枚一万字墨為螺為量為丸為枚陸雲與兄書今送墨二螺婦人集沒太子妻李與夫書云致尚書墨十螺梁科律御墨一量十二丸皇后妃一量一百丸蔡質漢官儀曰尚書令僕丞郎月賜隃麋大

墨一枚小墨一枚宋元嘉中格寫書墨一丸限二十万
字帋爲番爲幅爲枚湘東啓上荊武帝万幅筆
四百枚簡文帝集繝啓謹奉紅牋二千番陸倕有
謝安成王賜西蜀牋帋一万幅梁簡文帝又云特送
紙三万枚荅湘東王繝也會最云晋宋間有一種紙或一
幅長丈餘言就船上抄之世謂蜜帋又云張載帋銘
竝称紙爲番一作幡紙字從糸蔡倫作絏從氏巾
布爲𢼸梁祖傳布五丈度曰一作匹取薄布二十疋
爲一𢼸錦爲兩王儉曰樊錦二兩端爲一兩二兩一疋二
丈爲端也左傳云歸夫人重錦三十兩注錦以二丈双
行故曰兩三十疋是也衣爲裁陸倕謝安成王楚越

衣二裁沈約有謝葛衫二裁也袈裟為緣梁湘
東王啓云蒙賚欝泥細納袈裟一緣忍辱之鎧
安施九種功德之裓慙愧八法奴為頭簡文帝書言
安吉王餉胡子一頭云方言異俗極有可觀山高海
深宛在其皃梁科律書文云奴一頭婢一頭麝為子
蠟為[走齊]麝香如千子蠟如千[走齊]齊建武四年事
檳榔為口胡桃為子為口陸倕謝安成王賜
檳榔二千口又謝胡桃一千子又沈約謝賜臣交
州檳榔千口云龍編嘉實一嗣皀遐遠其事
不可備論今高州多採諸為麻[走幷]絕宜
人味極芳美方言云人謂薯蕷為儲是也

又有都播国土多百合亦有取根以爲糧者事具會要本草云署預一名山芋山海經云景山名藷藇江南單呼爲藷語有輕重也其法採藷去外皮磨之曝乾爲粉臨用時别取藷磨取濾者溲之如麵法瓊州溲爲湯餅頗之推又云薯蕷今去黑皮以爲粉作湯餅甚光滑

一本此段在上文麻麵下

食目

韶州菜有蕪菁郡人採之爲菹脆而且甘不失北中味也方言蘴蕘蕪菁也陳楚之郊謂之蘴齊魯之郊謂之蕘關之東謂之蕪菁趙

魏之間謂之大芥郭璞注蘴音蜂江東音菘又
云紫華者謂之蘆菔證俗音曰蘆菔蕪菁屬
紫花大根俗呼為雹葖也按顧啓期婁地記
曰薛山者昔有薛伯道居此山不知何時人
好稼植緣海散蕪菁子今海邊尚有此
菜云伯道所種又按司馬相如凡將篇謂
菁當門證俗音莫小學篇曰芴音勿葑菁
會家云以子種江南種变為菘菘子黑蕪
菁子赤也又據南朝食萛中有芥子醬
蘆菔根菹菘根之類是江南為菘驗
也證俗音云小學章作菘今番禺唯韶州

產蕪菁林檎木瓜廣志云一名黑琴似赤柰脊人要術曰林禽堪為麨尒雅曰楙木瓜也賈思恊云凡書一廚一作櫥中安麝香木瓜即無蠹勤州出栗子形味俱劣一年栗方熟群鸜鵒至啄食俱盡賓州出梨梨大如拳有類浙東成家梨可蒸而食乃皮厚肉硬又非哀家梨也縉陽成家出此梨因以為名世說云桓南郡玄每見人不快輒嗔曰君得哀家梨當復不蒸食不旧語秣陵有哀仲梨甚大如升入口便消言愚人不別味得好梨而蒸食也廣之人食品中有團油飯凡力足之家有產婦三日足月

及子孫胖為之餅以煎蝦魚炙鷄鴨煑猪豢
羊雜子羹餅藿臛蒸膈菜粉餈粔粣籹蕉子
薑桂鹽豉之屬裝而食之是也䘓音勘說文云羊
凝血也音口紺反今廣人生以五味酢食之按證俗
音云南謂凝牛羊鹿血為䘓以虀噉之消酒也蟻
子醬蟻醢也今山源間有蟻子於茅根下為窠
者收卵為醬也荖鹹虀採荖菜以餅和塩藏
之一如常法有入蕉心者其甕埋於池塘間至三
年菜色如金土人所重蛤䗅理如常法蛞臥蛙
也周書腐草為蛙陶注本草青脊者曰土鴨
黑者南人呼為蛤子南史卞彬為蝦蟇賦云

紆青拖紫名為蛤魚以諷令僕漢書言鄠杜之間水多蛙魚人得不飢又宋書張暢弟為御犬所傷醫云食蝦蟇(膾)可愈而弟有難色暢先食而弟(市)食果能愈疾即知前古之人食蛙久矣又衛波傳蝦蟇無腸龍虵屬也抱朴子云万歲者領下丹書八字南史丘傑列傳又云蝦蟇有毒要中得三丸藥後服之下科斗子數升博物志所謂東南之食水產有蛙龜蛤螺蚌之為珠(味)蛛不覺其腥臊今按蛙唯性熱甚補人人有折其足於瓶中以水養之不三五日其損如故亦有以之蘇適食者是也　犪牛頭南人取嫩牛頭火上燂

過證俗音炙去毛爲燂似廉反復以湯毛去
根再三洗了加酒豉葱薑煑之候熟
切如手掌片大調以蘇膏椒橘之類都內
於瓶甕中以泥泥過煻火重燒其名傺愚
曾於衡州食熊蹯大約滋味小異而不能及
又按南朝食品中奥肉法奥即褒也先以猪
肥者臘月殺之以火蒕燒之令黄煖水梳洗削刮
令淨刳去五臟猪肪爓取脂鸞方五寸令皮肉相
兼着水令淹没於釜中炒之肉熟水盡更以向所爓
肪膏煑肉脂一升酒二升塩三升令脂没肉緩火煑
半日許漉出甕中餘膏瀉肉甕中令相淹食時

水煑令熟切　調和如常法肉乜宜新其二
歲肉未堅爛壞不堪作叉有浾（音赬）或入江字腊煎
肖法方言熬聚炒備煑（三字上）火乾也聚字崔寔四
民月令作煑炒古文可字作𤆵備煑字詁訓音平力
反（騃反）書此爓字脂炙糟簡軌炙毛浾（戶或反）魚
白藥瀹肶法音葉煑也顔之推云瀹白煑肉
尒雅注作灼字合豐鷄合豐白肉寠毛煎
魚臘膾　盧減反臘膾法用猪腸經沸湯出三寸斷
之決破細切熬之與水沸下豉汁研米蔥韮椒胡椒
又小蒜下塩酢芽子細切血将煑與之早與血則变也
下湲煑有蟬臛乃古人爵鷃蜩范之類也薄

夜餅用鷄臛曼頭餅齊人要術書上字東晳餅賦此𦟛頭字雀喘餅用酢穄丸餅渾沌餅要術書上字廣雅曰餛飩也字苑作餫音類之推云今之餛飩形如偃月天下通食也夾餅安寒䭔時肉夾貞心羅雜脂煮之者糖蟹法固礼蟹蝑音救九月中取母蟹着水中勿令傷損及死一宿腹中淨久則吐黃吐黃則不佳矣先煑薄餳餳錫也着活蟹冷糖中一宿煑蓼湯和白鹽極鹹待冷瓮盛半汁取糖中蟹内着鹽蓼湯汁中便死蓼宜着少多則爛泥封二十日出之擧蟹齊着薑末還復齊如初内着瓮中百箇一器還以

前鹽豉汁澆之令沒密封勿令漏氣便成矣忌風中
則壞而不美矣蒸炙牛胘戶堅反老牛胘厚而
脆劃穿痛蹙令聚逼火急炙令上劈烈然後割
之則脆美若撓令申舒微火遙炙則薄而且肕不
堪矣經云跳丸炙如彈丸炙煑之皮脯馬膓
鹿尾炙筒炙衡炙法鹿角菜茸此紫菜
茸爛畔盧龍時舒云云葛鑚說文云鑚今呼
美和餅為之水波餅要術云立秋毋要食煑
餅及水波餅餅唯酒引餅入水爛水波得水難脩
也又果真合子有寒具證俗音䴺䴺內圖呼為
環餅亦呼寒具鄭玄注周官有寒具未知是䴺

[illegible]音力田反力走反百支壹㪚餅黄方鑯鐵
急就篇飴餳說文云熬稻餦餭也音散桑但反
廣雅粰䊪也證俗音云今江南呼鐵飰已煎米々々糖
餅之者為粰䊪也音浮流曰甘脆赤膘棗臭棗
胡麻糖雀頭糖㢘薑鬼目蜜檳榔周成雜
字曰檳榔果也似螺可食益智甘蕉甘欖根
緑海毒今瓊崖高潘州以糖煑嫩大腹檳
榔辯州以蜜漬益智子食之亦甚美按
字說苑雜藏果也音素感反顏之推曰今以蜜藏
雜果為粽又有都念子花似紫蜀葵實如
軟棗拾遺云甚甘美益人隋朝植於西

苑中印度出那核婆果大如冬瓜熟則果赤
剖之中有十小果大如鶴卵更又破之其汁
黃赤其味甘美或在樹枝如衆果之結實
或其樹枝若伏苓之在土又波斯并卑果葉
長五六尺果堪食狀如人手樹高丈五葉
堪作食簞又頻那婆果生樹後大如八石
瓮味甚甘食之便醉九日而蘇見會要也思
又思東晳餅賦餢飳當音部飳䭔燭頷
之推云今內國餢飳以蘇者是之江南謂蒸餅
為餢飳未知何者合古也膎餅国語云主孟
啗我膎字林曰膎肴也音白大濫反之推又

云今內國猶言餅餤方言江南有鹿筋膎
及臛之類又韓國本注出韓國爲之如羹
而少汁加酢也㛈女字林曰饋女也音乃管
反證俗音云今謂㛈女後三日餉食爲
餪也

睡菜

睡菜五六月生於田塘中葉類茨菰根如
藕梢其性冷土人採根爲鹽葅食之或
云睡郭子横云五味草初生味苦花時
時酢食之不使人睡亦名却睡草又神異
云四味木一名如之何其實有核形如棗子

長及五尺一作寸金刀割則苦竹刀割則飴木刀割則酸蘆刀割則辛此說小類五味草也又御覽顧凱之啓蒙記曰如何隨刀而改色味也

水韭

生於池塘中葉似韭有二三尺者五六月堪食不葷而脆得非龍介蕹乎郭子橫云龍介蕹有長七赤者字林云蕟音嚴水中野韭也又荶音吟見字林似蒜生水中鄭虔云蕹辛除圃河西長二尺塞北山谷間甚多孝文韭軍人食之周孝文帝所植如渭水源諸葛亮韭亦諸葛所種也酈善長又

云平樂村五六里至東亭杜北山甚高峻
上合下空東西廣二丈許高起如屋中有
石床傍生野韭人往乞者神許則[illegible]風必䙨
之方可擷也如過越不傴而擷者有災盛
強之荊州記亦具文小異

蘿菜

葉如柳三月生性冷味甜土人織葦薜長
丈餘濶三四尺植於水上其根如萍寄水上
下可和畦賣也陳藏器又云蘿菜味苦
平無毒主解胡蔓草毒胡蔓即治葛
也本草云鈎吻又名冶葛用羊血土漿解之南

州異物志云俚賊呼野葛為鉤挽鄭廣文又曰人
自來求死者取一二葉手挼汁出歠之半日死羊
食苗大肥亦如巴豆鼠食則肥乃物有相伏皆如此
者先食蕹菜後食野葛二物相伏自然
無苦取汁滴野葛苗當時痿死廣州記曰
蕹菜水上生以為菹土人重之愚按廣之菜有蔊
字林蔊辛菜也東風廣州記菜陸生宜肥肉
作羹味如酪香氣似馬蘭又左思吳都賦東
風留扶是也蕺音戢風土記云蕺香菜根似
茅根蜀人所謂菹香也越絶書蕺山越王句踐種
蕺處蒟音白蒻蒟茨苗也東觀漢記王莽末南

方枯旱民饑群入野澤掘藕芡而食之類無足
奇者是不復遍録吳志曰孫皓時有賈音
買菜生高四尺厚三寸分如琵琶形兩
邉皓以為平慮晉安帝紀曰義熙二年有
苦蕒菜生楊州中興書曰草妖也是後歲
歲征伐民人稍苦苦蕒苦也國初健達國獻
佛土菜一莖五葉赤中心黃正黃而葉紫
色泥婆羅國獻波稜菜葉類紅藍實似
蒺藜火熟之能益食味醋菜狀似慎火
葉闊而長味如美酢絕宜人味極美
班皮竹筍 竹錐刀子

湘源縣十二月食斑皮竹笋滋味與北中七八
月笋無小類但甜脆過之諸笋無以及之
吳録云馬援至荔蒲見冬笋名曰苞笋
其味勝於春夏笋也即鷄脛竹笋博物志
曰斑皮竹洞庭之山堯帝之二女以淚揮竹竹
盡斑也爾雅曰笋竹之萌說文曰笋竹胎詩
義疏云笋皆四月生也巴竹笋八月生篃音媚
竹笋冬〻夏生永嘉記含隋竹笋六月生篃
竹譜棘竹笋食之落人鬚髮愚按山海經竹
生花其年便枯六十年一易〻根必結實而
枯死實〻落土復生六年還成町也竹譜曰竹

不剛不柔非草非木箹紵紵必六十簇復稲亦六
年是也凡種竹正月斲取西南根東北角
種之竹性向西南引也齊民要術曰諺云東
家種竹西家治地故也南中有以竹為刀錯
子者錯子即篦思篣力刮切又手声竹皮為之
錯指甲利勝於鐵機巧李衡推昉云如
小銑復以漿水洗之如初刀子竹裴淵
廣州記云石林竹勁利削為刀切截象
皮如截芋也公路按襄州宜城縣木香村
有莊咸通初忽生異竹第一年生九竿第
二年生七竿尔來歲歲有也 作深拖黄色

每節及枝上並抹綠觧鐙其笋甚美按
顧凱之譜中亦無說處異其苑曰東陽留
道德元嘉四年筋竹林忽生連理野人
無知謂野人無知謂為禍斵伐然之公
路乾符初經過夏口時有人獻合歡笋於韋
公尚書者自一本分為兩岐長二尺餘乃
笋之瑞也公命公路為七字句歌之詞繁
不載愚傳聞貞元五年秋番禺有海户犯
鹽禁者避罪於羅浮山深入至第十三嶺
山有十五嶺四百三十二峯九百八十三飛泉洞府
也遇巨竹百千萬竿連亘岩谷竹圍二十

一赤有三十九節節長二丈即由梧類也海
户因破之為簸會罷吏捕逐遂擊而歸
時有軍人獲一簸以為奇者後獻於刺史
李復復命陸子羽圖而記之亦資耳目
之事一也舊記云李公顧謂門生廣州
桑苧翁曰夫視聽之外經籍未録不合有
而有者不知其極況兹竹載在圖記不足
奇也漢太尉許慎說文有長節竹謂之
𥱊音鐘一本作籦得非羅浮山龍鐘之義
耶桑苧翁前席而言曰頃天寶末有韋
長史虛舟寓於廬山瀑布泉時夏月多

雨見瀑布之中流出一桃葉濶五寸長一赤二寸至德初徐正字凝攷海塩縣白塔山沙渚之上得一桃囊核片可貯一升米則知草木在山海之間有瑰形殊狀者多矣又若決明慎火在中原為蘇蔾葵莧之屬若生嶺嶠南山澗無非高樹蔽有千歲者經二赤圍彼不異與

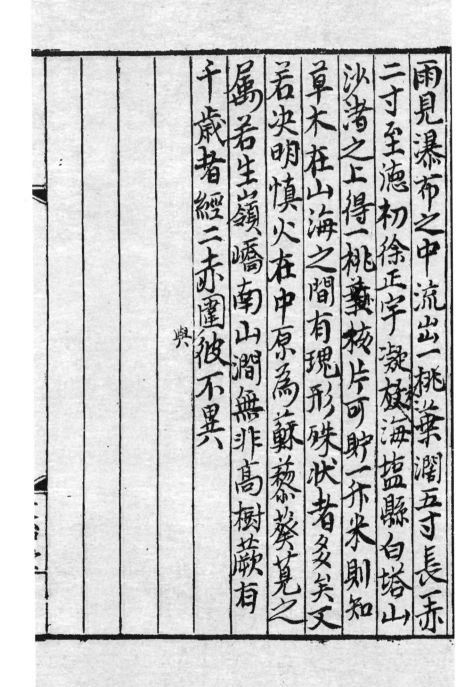

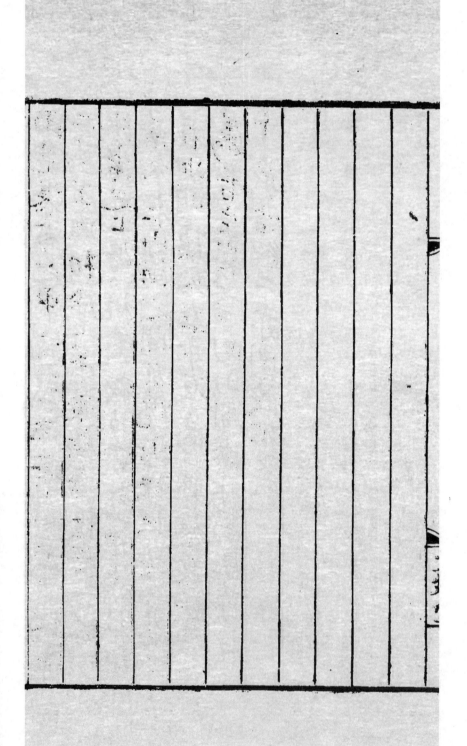

北户録卷第三

萬年縣尉段　公路纂

登仕郎前守京兆府參軍崔龜圖注

無核茘枝

南方果之美者有茘枝段用欐支衛洪七開曰
蒲桃龍目椰子欐支作此字梧州火山者夏
初先熟而味小劣其高潘州者冣佳
五六月方熟有無核類雞卵大者其肪
瑩白不減水精性熱液甘乃奇實也又
有蠟茘支作青黄色亦絶美南越志
云茘枝州有焦核黄蠟者爲優故廣

州記曰荔枝如鷄卵大殼朱肉白五六月熟核若鷄舌香陳藏器曰荔枝樹如冬青實如鷄子核黃黑似熟蓮子實白如肪甘而多汁百鳥食之爲肥極宜人廣志云焦核胡椇此最美次有鼈卵焉其樹自合抱至數圍大皆枝中梁棟其堅即佉（一作咭）陁等本無以加也嶺中荔枝纔盡龍眼子方熟大如彈丸皮褐肉白而味過甜俗呼爲荔枝奴非虛語耳修文殿御覽云龍眼子一名龍目左思蜀都賦云旁挺龍目側生荔枝也又西京雜記曰尉佗

獻高祖鮫魚欐枝高祖報以蒲桃錦四疋

變柑

新州出變柑有苞大於升者但皮薄如洞庭之橘餘柑之所弗及傳云本自高要移植不數百里形味俱變因以為名論其美真所謂厥苞橘柚精者曰柑見郭璞讚又馬援好事至荔浦見冬笋名苞筍上言禹貢厥苞橘柚疑即此也亦如踰淮為枳乃水土異也愚按呂氏春秋果之美者江浦之橘箕山之橘東清馬之所有櫨橘焉說文櫨

橘柚也又郭璞曰蜀中有給客橙即櫨橘
冬夏花實相繼風俗記曰柑有黄者赭
者赭赤謂之胡柑今之多引江陵千樹橘
為木奴事此漢書云其人與千户侯等直
襄陽記李衡為丹陽太守衡密遣十
人於武陵龍陽洲上作宅種柑千樹臨死
勑兒曰汝母惡吾治家固窮如是吾州里
有千頭木奴不責汝衣食歲上一疋絹亦足
用耳吳末衡柑成歲得絹數千疋據此非
橘明矣據雜書如翰林要海御覽賈思勰皆
列在黄柑門中愚又按謎云木奴千無凶年

要術云蓋言果實可以市易五穀此即木
奴之號果之都称者也

山橘子

山橘子冬熟有大如土瓜者次如彈丸者皮
薄下氣普寧爰之南人以蜜漬和皮而食
作虎珀色滋味絶佳豈比漢人之呉合皮
啖橘以爲笑也其葉煎之和酒飲亦療
氣神驗愚憶王壇臨海異物志曰雞橘
子如指頭大味甘永寧界中有之又非獨淵
廣州記羅浮山有橘夏熟實大如李又云
羅浮有壺橘十種豈其一歟廣州記又云荔

枝壺橘琼果之上今有枸櫞皮煎椰子煎皆
奇味也異物志枸櫞實似橘皮不香椰子去
其外皮及殼有白穰食之如北中生胡桃味又有白
漿如乳人亦食之謂之椰子酒異物志椰子有如兩
眼俗人謂之越王頭南人取為䊶子杓子等
器枸櫞子即交州黃淡子橘柚類也

橄欖子

橄欖子八九月熟其大如棗廣志云有大
如雞子者南人重其真味一說香口絕勝
雞舌香詩義疏梅亦可含而香口又廣州廉薑
亦可香口亦堪煮飲之能銷酒煎法剉去兩頭

煨過煑之甚香美其樹聳拔其柯不喬有野生高不可梯但刻其根方數寸許內鹽於中一夕子皆落矣今高涼有銀坑橄欖子生於銀坑之側相傳是鵶盤之家昔掘地遇銀於此細長爻味美於諸郡產者其價亦貴於常者數倍也愚按南越志博羅縣有合成樹樹去地二丈為三衢山海經云四衢東向一衢為木威南向一衢為橄欖西向一衢為文玉顧微廣州記云木威高丈子如橄欖而堅削去皮以為粽廣志書此橄欖字南州異物志作此橄欖字陳藏器云其木主鯢魚

毒此不作檝撥着鰃魚皆浮出其相畏如
此人中鰃魚肝子毒必死也

山胡桃　一本在白楊梅後

山胡桃皮厚底平狀如檳榔其人如扶容頭
味次陰次陰平樂遊胡桃別作杏膏香
但不耐停耳廣志云陰平胡桃皮脆急捘
之即碎其蝦蟇皆見柳世陰謝樂遊胡桃
云胡羯奔逃吉之先見者也鄭虔又云山胡
桃無穰實心磨之可為印子據說即非南
山中胡桃也

白楊梅

楊梅葉如龍眼樹冬青一名朹音求潘州有白色者甜而絶大鄭公虔云越州容山有白熟楊梅兼名苑云東興縣有大雞卵楊梅博物志云地有楊梅章名則多一作生楊梅得非誤耶南越志安章縣安章一作熙安白蜀多楊梅求之曰白蜀去章矣吴興記曰故章縣北有石鄣山出楊梅常以貢御張華所謂地名章必生楊梅盖謂此也

偏核桃

占畢国出偏核桃形如半月狀波斯取

食之絶香美極下氣力比於中夏桃仁療疾不殊會宗云偏桃仁勃律国尤多花殷紅色郎中解忠順使安西以羅蔔揮接之而生桃仁肥大其桃皮不堪食解忠順即中使安西以異木枝揮蘿蔔至此皆活又吐谷渾有桃如一石甕大者貞觀二十一年三月十一日以遠夷各貢方物其草木雜物有異於常者詔所司詳録焉葉護獻馬乳蒲桃一房長二赤子亦稱大其色黃紫康国又獻金銀桃詔令植於苑囿

紅梅

嶺之梅小於江左居人採之雜椒豆蔲花漏蔲花白色穗尖微紅南方草木狀漏蔲樹子大如李實二月花七月熟出中與古書此字又刘欣期交州記豆蔲實廣志作豆蔲字也枸櫞子朱槿之類顏之推云枸櫞子似橘大如飯筬音呂字林音矩櫞以全反又按梁朝上饌絲奠合子內有根櫞是也又朱槿四月開時常有鬼可食此蕣二名槿一名櫬莊子云朝菌又張華云君子國多蕣花之草朝生夕死和鹽曝之梅為槿花所染其色可愛

今嶺北呼為紅梅是也又有選大梅刻鏤
瓶罐結帶之類取椑汁漬之椑木葉也
熏其葉為煎南人呼為椑汁按本紫梅有紫花
梅同心梅麗支梅品第絕多亦有甘脆按鄭
虔云婆弄迦木出烏萇國發地叢生
葉大如掌花白而細絕芳香子如升大
花披之時人即雕畫花灌承花候其子長
滿灌中即破而取之丈彩彬煥與畫灌
相類便以獻王亦猶中国鏤梅諸国所無
也
五色藤筌蹄

瓊州出五色藤合子書囊之類花多織
走獸飛禽細於錦綺亦藤工之妙手也
次盧亭盧亭即盧循之苗裔也紛白藤
為茶器新州作五色藤筌臺皆一時之
精絶昔梁劉孝儀謝太子五色藤數筌蹄
一枚云炎州采藤麗窮綺縟得非筌臺
歟筌蹄語訛歟按侯景篡位着白紗
帽而尚青袍或牙梳插髻牀上常設胡
牀大業記帝九月自北塞還東都賜文武各
有差改胡牀為交牀改胡瓜為白露黃瓜
改茄子為崑崙紫瓜也及筌蹄今海豐

柜疑杞

歲貢五色藤鏡匣一奩其奩一是也又本行經云河龍女名足連荼耶上太子寶奩提太子坐之食乳糜已擲鉢河中天帝取鉢利供養以立鉢節佛經又云太子第七日日據奩歸坐受与與耶輸陀指印環云云

香皮紙

羅州多棧香樹身如椐柳其花繁白其葉似橘皮堪爲紙土人號爲香皮紙作灰白色文如魚子箋今羅辨州皆用之三輔故事云衛太子以紙蔽鼻前漢已有之非蔡倫造也蓋言善也不云創也又和熹鄧后貢獻悉斷歲時

但供紙筆而已然則其用久矣但不知何物為之按
王隱晉書曰王隱荅華恒云魏太和六年河間
張揖上古今字詁其中部云紙今帋也古之素帛
依書長短隨事截絹放數重沓郎明幡紙字
從糸此省形声負者無之故路温舒截蒲寫字
也和帝元興元年中常侍蔡倫剉擣故布網抄
作帋字從巾又是其声雖同糸巾則殊不得言
古帋為今帋又山謙之丹陽記曰平準署有紙
官造紙古以縑素為帋書記又以竹為簡牘其
貧諸生或用蒲為牒也瑤山玉彩亦具小不及
桑根竹莫紙睦州出之松皮紙日本國出側

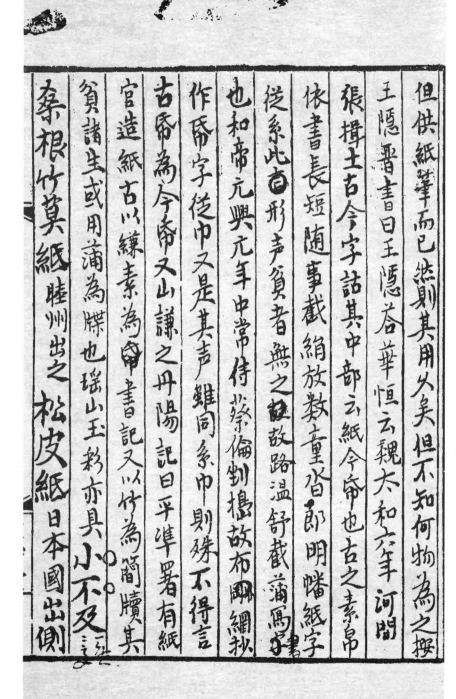

理紙也側理陟釐也後人訛呼為陟釐為側理即
苔也事見張華又尓雅曰苔石衣也一名石髪也江
東食之又瑶山玉彩載隨隋薛道衡詠苔紙詩
云昔時應春色引緑泛清流今來承玉管布字
轉銀鈎又嘗謝康樂山居賦云剝芨音及
巖椒言芨皮可為紙未詳其木也又扶桑国
在中国之東二万里其土多扶桑木故以為名扶桑
葉似桐初生如笋国人食之實如梨而赤績其皮
為布以為衣亦以皮為紙齊永元二年其国有
沙門慧深來至荊州者
其香即會宗沉香青
木鶏骨馬蹄棧香黃熟香同是一樹如一

木五香根檀節沉子鷄香舌葉藿膠薰
陸也金樓子云衆香共是一樹又俞益期牋曰衆
香共一木又諸經云屡烧香左右令人睍正
故隱居云沉香薫陸夏月常此二物梁簡
文時扶南信有沉香一波婆羅丁云婆羅丁五
百六十斤也案浴像功德經云牛頭旃檀
芎藭欝金龍腦沉麝丁等以為湯置
淨器中次第浴之及旃檀云王有疾醫
須旃檀汁旃檀枝葉根莖除一切疾本草
云白檀消風熱腫又無名詩集武舍之中行云
胡從何等来氍毹毾㲪衢樓榻登四音五木

香證俗音云毦數音餌毛席也書旨此字又通俗文織毛褥也魏畧云大秦國以野蠶織成青黃白黑綠紫絳紺金黃縹留黃十種氍毹又通俗云白氍毹細者謂之毾㲪文書曰毾㲪施之承床之前小榻之上也又異苑云燕沙門支法存有八赤沉香板牀有八尺毾㲪作百種形象体勢迷迭 迷迭香大秦出魏文帝曰余種迷迭於中庭嘉其楊條吐秀馥有芳香又陳琳賦曰方碧𦶜之阿挪鋪緣葉之蜿蟺艾納 艾納出驃國此香燒之斂香氣能令不散直上似細艾也及都梁 都梁香荊州記都梁縣有小山山上清水淺中生蘭草俗謂之都

梁郎以縣名焉唯交州畢異物志云蜜香欲取先斷其根經年外皮爛中心及節堅黑者置水中則沉是謂沉香次有置水中不沉與水面平者名棧香其最小麤者名曰𣟄香佛經所謂沉香者也又南越志謂之香木出日南也

枹木屧

枹木產水中葉細如檜其身堅類桂猶雖根軟不勝刀鋸今潮州新州多刻之為屧或油畫或金漆其輕不讓草屧齊民要術云青白緗村者並堪為屐師長者皆着不屐婦女

姑嫁漆畫為屐五采為系又案梁武小說介子推逃祿隱居迹抱樹燒死文公拊木嗟哀裁而制屐每懷割股之功輒俯視其屐曰悲哉足下足下得之稱將此起也按翔法師書云欙一名水松生水中無枝形如筍亦曰松枹今為屧鶯是也又陳周弘正謝賚漆松枹屧啓曰蒙此慈錫便得輕舉

紅藤簟

瓊州出紅簟一呼為笙或謂之籧篨亦謂之行唐方言曰簟宋魏之間謂之笙或之籧篨自關而西謂之簟其粗者謂之籧篨行唐以籧篨直文

而粗自關而東周洛楚魏之間謂之倚佯佯音陽也
南越志云桃枝竹南人以爲笙郭璞純曰簟以寫寢杖
以扶危又簡文帝集有謝桃枝笙竹席牋沈約彈
敕令仲文秀横計吏黄法先輸六赤竹笙四十領其
色殷紅瑩而不垢或云染藤所制衣編織精
華又不知溪鸂紅席
海中溪鸂山去餘桃岸千餘里上有女冠道士四五
百人學道梁時遣使獻紅席此草者紅鸂居其
下故以爲名耳竿散卧簟蜀支謝啓云菂篁多
品篠䔥雜名椰子坐席亦有邸席具吴菂集
又沈約謝賜大甲坐卧簟竹帖蒲褥菂席王儉

贈宗測見南史菀紈臥簟月支毛席陸倕集具流黃簟象牙席西京雜記會稽供御竹簟世号爲流黃簟神仙傳淮南王爲八公設象牙席以爲優劣歟

方竹杖

澄州産方竹体如削成勁健堪爲杖亦不讓張騫筇竹杖也其融州亦出大者數杖正聲集云南方有方竹杖白蟬噪其上陳貞節嶄詠之又海晏地名出方蘆堪爲杖高潘州出千歲藤桂杖小類貝多更有竦節竹五六赤一節僧道多以爲杖皆奇物又按會寂

云溱川通竹直上無節空心也

山花燕脂支

山花叢生端州山崦間多有之其葉類藍其似蓼抽穗長二三寸作青白色正月開土人採含苞者賣之用為燕支粉或持染絹帛其紅不下藍花作燕支法採花於鉢中細研着少水以生絹捩取汁於通油瓷瓶中文武火煎之候花浮上旋掠取於生絹中裹瀝乾用如常燕支法云云博物志有作黃藍烟支法通典云今漢中歲貢紅桃花百斤燕支一升習鑿齒與謝侍中書云此有紅藍足下先知之否北方人採

取其花染緋黃接一作紫其上英鮮者作烟支婦人妝時用作頰色作此法大如小豆許而紊令遍色殊鮮明可愛吾小時再三過見烟支今日始覩紅藍耳後當為足下致其種匈奴名妻閼氏言可愛如烟支也閼音烟氏字音支想足下先亦作此讀漢書也西河旧事歌曰失我祁連山使我六畜不蕃息失我焉支色山使我婦女無顏色又鄭公虔云石榴花堪作烟支代国長公主睿宗女也少嘗作烟支棄子於階後乃叢生成樹花實數[illegible]芬旣而嘆曰人生能幾我昔初笄嘗為烟支弃

其子今成樹陰映瑣闥豈不老乎鄭公虔云
塗林花有五色黄碧青白紅如杏花漢東海都尉
于吉献一株花雜五色云是仙人杏今嶺中安石榴
花是相間四時不絶亦有紺色古今注云燕支葉
似薊華似蒲云出西方土人以染名為燕支
中国人亦謂之紅藍以染粉為婦人面色謂
之烟支粉博物志云張騫使西域還得大蒜安
石榴胡桃蒲桃沙葱苜蓿胡荽黄藍可作燕支
也紅花亦出波斯疎勒河禄国今梁漢家上每歲
貢二万斤於織染署

鶴子草

鶴子草蔓花其花麴塵色淺紫葉蔕如柳
而小短當夏開南人云是媚草甚神可比
懷草夢草似蒲晝縮入地夜乃出亦名夜懷
草懷之則夢夢之吉凶立驗也漢武思李夫人
東方朔乃獻一枝帝懷之夜夢夫子因改此名為
懷草也夢芝 習鑿齒襄陽耆舊傳曰襄王夢一
婦人曰我夏帝之季女也名瑤姬未行而死封於巫山
之臺精魂為草摘而為人之媚而服焉必與夢其
家在宜城縣 採之曝乾以代面靨當形如飛
鶴狀翅羽觜距無不畢備亦草之奇者草
蔓上春生蟲常食其葉土人收於奩粉間

飼之如養蠶法虫老不食而蛻為蝶蝶赤
黄色女子佩之如細鳥皮号為媚蝶郭子横
記勒畢國献細鳥以方赤玉籠盛數頭形
大於蠅狀如鸚鵡聲聞數百里之間如黄鵠
鳴也国人以此鳥候日晷亦曰候日虫帝得之
旬日飛盡明年有細鳥集於帷帟或入衣
袖一作或人承之以袖因名蟬衣宮内嬪御有鳥
集其衣者輒蒙愛幸至武帝末稍稍自
死人服其皮者多為丈夫所媚余訪花子事
如面光眉翠月黄星靨面靨射月[illegible]其來尚
矣面光具無名詩序集月黄星靨面靨黄婺乾自然

廠對月見[illegible]陵文[illegible]新詠[illegible]第[illegible]也

然事之相類者見拾遺引孫和悅鄧夫人常置膝上和月下舞水精如意誤傷夫人頰流血染袴和自舐瘡太醫曰得獺髓雜玉及琥珀屑當滅痕下購百食有富春漁人云昔獺神物也取則逃之伺祭魚時有鬬死於穴者枯骨可合玉舂以滅瘢和乃作膏琥珀太多痕未滅而頰有赤點細視之更益其妍諸嬖欲要寵者以丹青點頰而後進幸

又宋武帝壽陽宮主人日梅花落額上成五出後宮效之為梅花粧也又、書曰以丹注面曰的兼天子諸侯

有群妾者以次進御有月事者上御不口注此於面
一說上官昭容自製衣花子以掩黥處昭容儀
之孫名婉兒天后時作旨當誅惜其才不殺而黥
之又云天后每對宰臣令昭容卧於床裙下
記所奏事一日宰相李忘名對事昭容竊
窺上覺退朝怒甚取甲刀劄於面上不許拔
昭容遂為乞拔刀子詩有集二十卷詩在集
中玄宗收取其詩筆集之命張説為序據集
賢故事云舊宣索書皆進副本无副本者則
促功寫進後亦不能守其事如上官昭容舊无副
本因宣索便進正本庫中今闕此書矣後為

加一作如

花子以掩瘢也

越王竹

嚴州產越王竹根於石上狀若荻枝高赤餘土人加其色用代酒籌叚（次）有沙筯產於海島間狀如蓴菜春吐黃花其心若骨可為籌筯凡欲採者須輕步拔之不爾聞人行聲則縮入沙中了不可取陳藏器云越王餘筭味鹹生南海如筭子長赤許異苑云晉安有越王餘筭菜白者似骨里者似角古云越王行海中作籌有餘棄之於水遂生焉臨海水土異物志曰越王筭如笄大正白長赤

餘生海邉沙中見便取之即可得心中存者復来
取則土中沈懷遠云東海中筋淵淵上故筋
無檝連舡取之不盡世中好矢筋言天下筋
悉歸於此乃驚耳之說也

無名花

廣州之南數百里有蔓草吐（生焉）一葉白華片
大如掌手亦有小片者葉緑色初夏開翫之
初誤殘花恬然特异遍問土人莫有知者惟
昔草堂樓法師山居時法師慧約字德素
梁国号也有一野嫗手持一樹植之於庭云是
精庭樹也所植樹歲久芬芳欝茂有一鳥身赤

尾長栖息其上聘北道里記云木龍寺寺有三層塼塔高丈餘塔側生一大樹縈繞至塔頂枝幹交横上平容十餘人坐枝杪四向下垂團圓如栢子帳經過莫有辨者梁武帝曾遣人圖寫樹形還都大体屈盤似龍因呼為木龍寺又謝惠連目奇草曰仙人草序云余之中園有仙人草焉春頴其苗夏秀其英秋有身實冬無凋色可謂四時而不改者也旣嘉其名而美其實染筆有詠庶以攄述大業記又説人莧如長樂高五赤許冊葉碧花花似鷄幘而大者濶五六寸文梁伍安貧武陵記

云巴陵郡西有寺寺房廊牀下忽有生象僧
移屋避之晚更滋茂莫有識者外國沙門云
是波羅蜜樹常著花細白永嘉四年忽
生一花狀如芙蓉推其靈景未能量也又金樓
子云孔子冢中有樹在魯城北百數皆異樹也然小説
云簡文初不削稱余今不分此亦何愧哉

指甲花

指甲花細白色絕芳香今蕃人重之但未詳其
名也又據耶悉弭花白末利花紅者不香皆波
斯移植中夏如毗尸沙金錢花也本出外国
大同二年始來中土今蕃禺士女多以綵縷

貫花賣之恩詳末利乃五印度華名佛書
多載之貫華亦佛事也又扶南傳曰頓遜国
有區撥花葉逆花鋼致祭花各遂花摩夷
花燥而合香末以粉身躰唐初罽賓国獻俱
物頭花丹白相間香氣遠聞伽失畢国獻
泥樓鉢羅花如荷葉缺圓其花色碧蕊黄
香聞數十步皆中国無者

相思子蔓

相思子有蔓生者本草拾遺云相思子樹高大
有文字赤黑間者佳又羅浮山記增城縣南廻溪之
側多相思樹号相思亭送行之所贈也其子切紅

葉如合歡依籬障而生合歡博物志蠲忿古今注云稽康種之舍前一名合昏亦名戎樹與龍腦相似宜能令香不耗南人云有刀瘡者血不止痛甚者取其葉熟搗厚傅之即愈千寶搜神記云大夫韓馮妻美宋康王奪之馮怨王因之憑自殺妻乃陰腐其衣王與之登臺自投臺下左右攬衣衣不中手遺書於帶願以屍骨賜韓氏而合葬王怒勿聽埋之令冢相望宿昔有文梓木生二冢之端根交於下枝錯其上又有鴛鴦雌雄各一恆在樹上宋王哀之因為號其樹為相思樹詳見本文

睡蓮 一作鍴

睡蓮葉如行而大沉於水面上有異浮根菱耳其[illegible]花布葉數重不房而蘂凡五種色當夏晝開夜縮入水底晝復出於水面也與夢草晝縮入地遇夜即復出一何背哉夢草似蒲色紅郡方朔獻武帝者孫容穆思[illegible]當遺水仙花數本如樀之於水器中經年不萎也

北戶錄卷第三終

海國宣威圖題詠

海國宣威圖題詠

一卷

〔明〕劉一龍　丘一龍等　撰

明繪抄本

海

國

宣

威
文塘

瀛海
貽之平以庶
東鐵南
堙函不盡言
淮之疆
呼朱

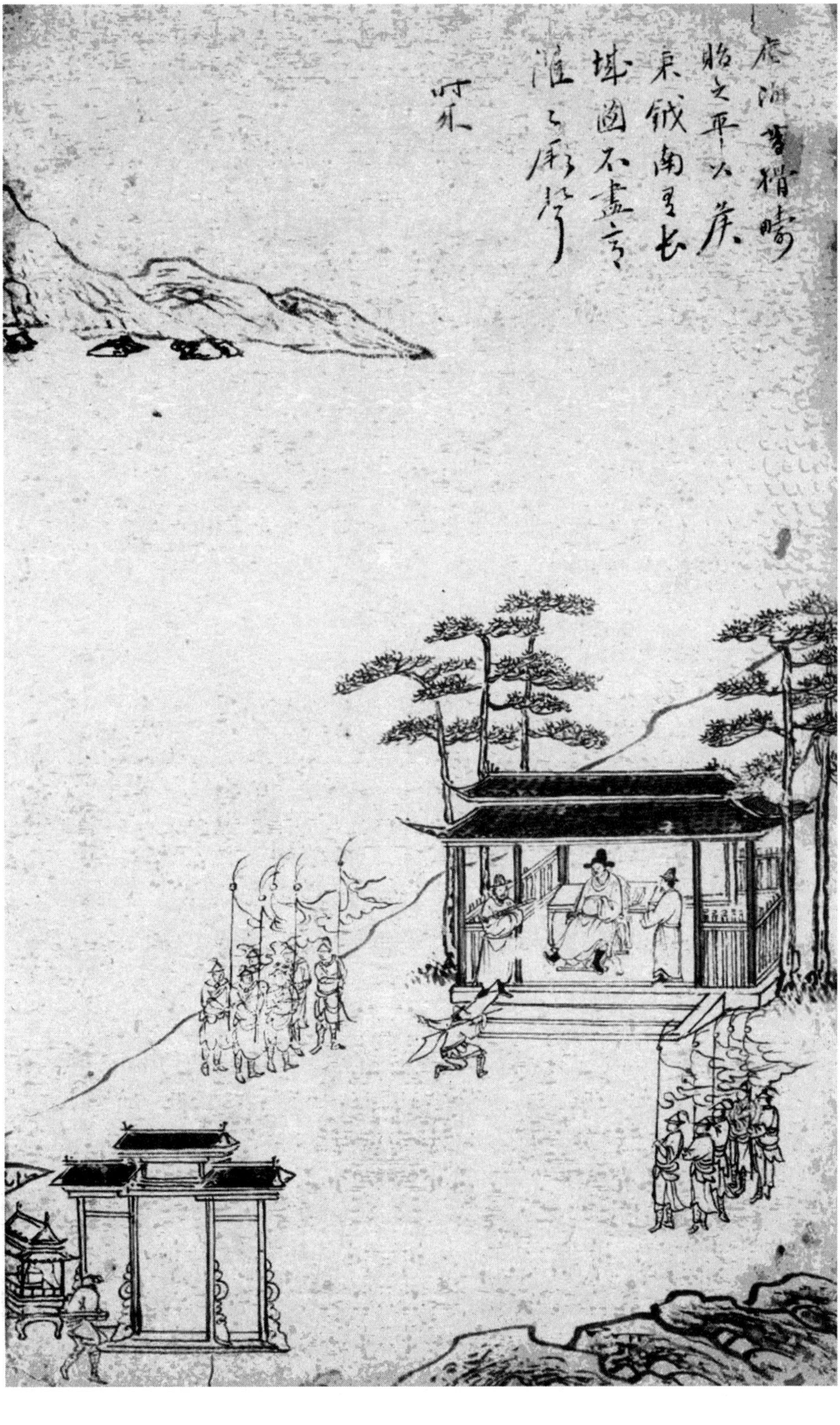

海國宣威圖小叙

温州去海僅二百餘里常遭倭患而安固之切近尤為剥床之膚嘉靖壬子武備漸䟽海防失守風熛驟至束手無策縱其鷙悍之性而焚刼無算積尸原野高玆丘陵誠為仁人所扼腕而痛哭者

主上廼不忍無知之民就必死之地屬意海道特簡

公為金盤總戎夫金盤海洋之門戶也使不得人以守其扼塞是開門以延寇彼乘風一便而突如其来則金盤必受敵矣金盤受敵則海安沙園一帶單弱不足以支一棹而至城下則虔劉我腹裏之民者又不可以勝計何忍乎今擢公居要害之

衛益對所謂選擇而信者豈湯無意哉余嘗夷攷
公之世冑原籍福建代襲武科因有功澉省家居錢
塘今為澉之錢塘人倜儻魁梧素抱桓桓之武七書
三畧無不精練在古所謂孫吳之流也先是北虜
寇邊犬羊蜂擁猖獗之勢莫之敢攖兵部
大司馬二華譚公雅知公素善謀畧檄召以當先鋒
比至其地虜聞公之風聲徃望風引去而胡馬無
南牧之虞者以公之威名素著也詩曰顯允方叔
蠻荊來威其公之謂乎北虜既遁南倭告急
天子宸軫念焉於是移其威北虜者而威南倭蓋將藉
其保障之功以樹干褒之績豈今日之所托重而

恃力者方公之始入境也不輕發一矢妄動一兵惟脩我戈矛精我器械比其什伍時其訓練有老弱負甲而不能行者悉汰之至於兵餉按籍均支三軍之士無有饑色是有以得其心矣由此而養鋒蓄鋭不隱然有虎豹在山之勢乎迨其汛期一至則身親乘海艦冒風濤雖倭賊跳梁勢莫可禦乃挺然當之有所不避在士卒亦罔不用命當是時出奇制勝收功於海島之間故有斬其首級若干人者擒其渠魁若干人者擄其賊船若干艘者奪回原掠男婦若干名者於乎若戴公者可謂有能之將矣至今四五年間海不揚波鯨鯢遠遁非

公宣威揚海國者能致是乎昔汲黯寢淮南之謀子

儀下回紇之拜公其似之至是而

天子南顧之憂釋然矣猗與休哉雖然此公之將略也

更聞二郎精於舉業偉然有廟廊器俟得時而變化之則騰百川而雨天下而禍亂之所未平者又得文以綏定之矣所謂二郎必做不有以濟公之所不及乎此則文武兼資父子一道而出將入相寔為戴氏長發之祥矣豈特產於山之東山之西而限於其地也哉余謹拭目以竢 旹

萬曆五禩孟冬既望

掌瑞安教事侍教生崇仁惕齋徐期元拜書

海國宣威序

夫騏驥騄駬必服險而後稱良湛盧魚腸須折衝而後知利何則以其所嘗試也故須俗而斷弛者兼人之材也程功而積勤者蓋世之資也猗歟偉哉戴將軍天橋公是歟公雄飛夙抱才識練達大將軍南塘戚公舉爲心膂之寄宣力邊陲長驅北虜輒膺

大司馬二華譚公柄用畫奇提槊佇獻蕭中平倭
凱當道以其績聞錄戶侯
簡命世襲臨安衛揮使乃陟
欽依總兵鉞金磐溫處瀕海巨鎮二衛環控南北狼
烟相望負浙重險總之職歟維囏哉
今上四禩公拜鄞三軍之士歡呼加額莫不曰匪昔
威震三邊者耶又莫不曰匪昔功高八閩者耶公

一令下聞之外風靡隼擊樂爲効用爭先驅由公
恩信先布謹行伍法齊正彰冒瘴濤相險置守明
禁舍開塞養威蓄銳以本戰爲道艦兵相屬一援枹
而檮窮髮之巢摧枯鑠雪賊挫縮不敢南窺自偕
徇迄今醜室家額首相慶曰吾噍類就殲催科僅
免兵燹回視壬子之跳梁戊午之燬戮辛酉之突
如其來剽掠一空歲無寧止者良可爲今日慈嘆一

慰也微將軍疇貽吾儕式公膺功迭奏旌刻洊臻
人士胥仰之若稚度虛懷戎暇尤攄情孫吳韜畧
接賢士必開齋畢誠恂恂古儒將風林子懷東粵與
之遊余弟永仁企千兵弟朱子子程頗有時名皆為
公所推轂一日二子以海國宣威冊屬余敘余覽其
詩文凡若干皆駪駪師弟子暨諸縉紳沐公餘澤識
與不識各聲言致贈聲其所以德公者而已豈公之

要諸人〻哉名不虛立功不偉成公自髫志經史挾
奇氣竟以武功策名于時
中朝文武二大將如譚如戚誠元國光弼所舍讓者公
受知獨用隨試隨効可請有伯樂豐城之觀矣始之
掃清朔漠嗣而震蕩閩粵今則底定甌海渢〻乎在津
獻功之頌將軍非空冀比而敵萬人者哉方今
朝廷倚重公輩最深公由此忠勇益奮力毗

廟堂百執事寤懷之先憂則一日千里風雲合并河山帶
礪之盟公籍之不朽矣豈直宣威一海國已耶余聞公二
難子頍弁章縫交輝騰譽行將衍世德而重光須卜
公不負吾言者用書之爲他日四海宣威之契券云
龍飛萬曆歲在丁丑陽月穀旦
浙進士侍教生安固懷東林萬梅頓首拜書

授鉞兮符下九重威
名赫赫播江東牙旗
靜掃蠻烟黑寶劍晴
開海日紅黎庶盡安
衽席上樗材咸藉綢

羅中勳猷未讓麒麟
閣
聖世還鑴第一功

沙園所千戶劉一龍

將軍磊磊人中豪出門叱咤聲
了聾諸小撓頭勢光影一萬
射落陰山單于奴小國三十六逃
兮不顧從此細柳開營向東
海廓清寧內業秋毫樓船堂
驚人深蓋長虹飛上圖花裡不獨
手執汗血方筆端詞猶翻波濤

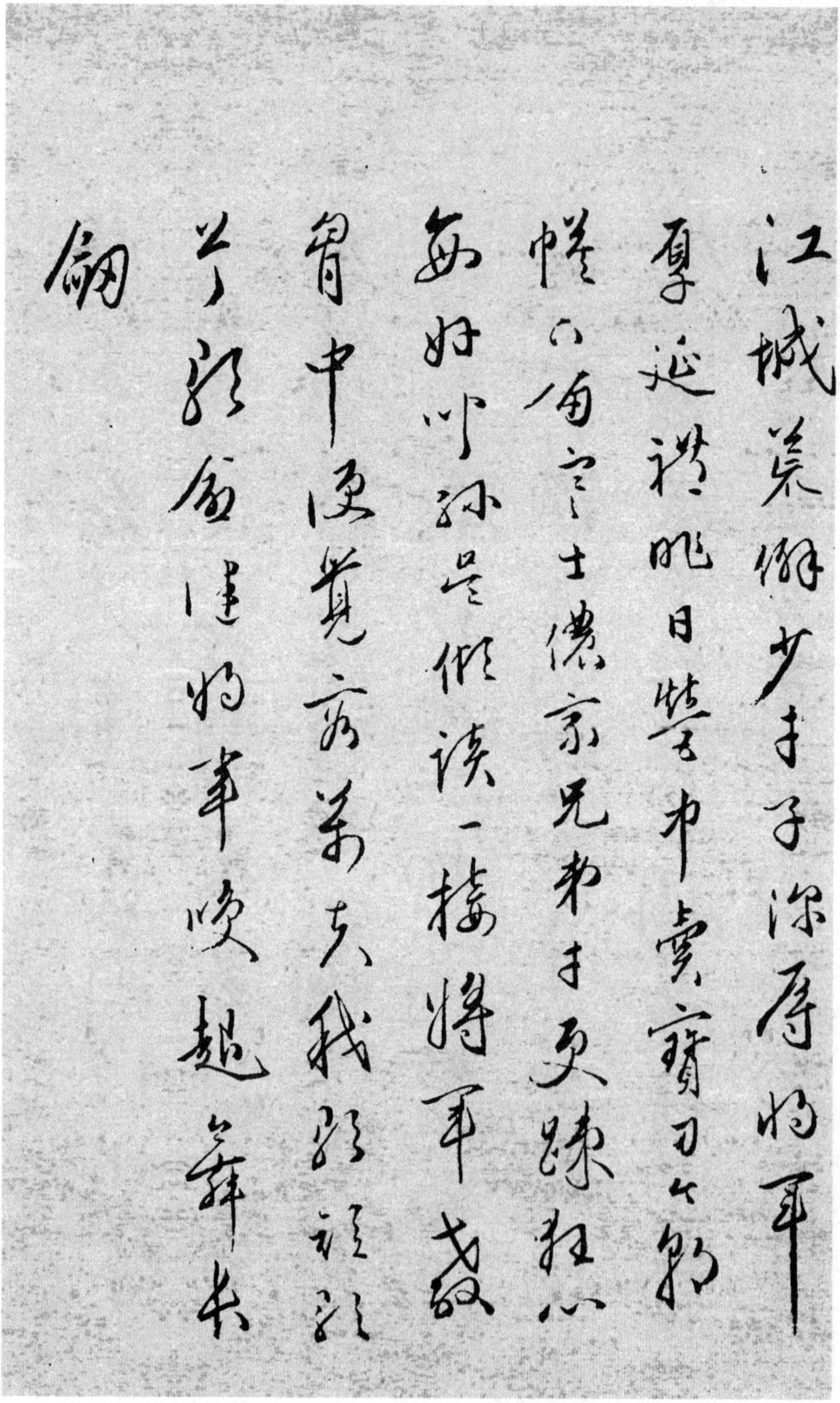

驕馬紫纓長驅破虜臺羽書馳比捷大
纛拜南征許國心何壯吞胡氣正清老成閫
府籌神速若先聲決策伏防汛分以符夜訓
兵艅帆閑細雨玉帳坐聆晴雪浪撼天孤樓紅
向斗行元戎恩已重壯士命皆輕范老軍中
望韓侯閫外名烟青焚絕島水赤斬長鯨小醜
聞風遁奇功指日成中宵吹畫角達曙擊銅
鉦天闊飛雲沒江空過鳥驚鐃歌凌遠嶠鼓

吹擁前旌細柳霜花白扶桑月色明山河歸
保障社稷倚長城孝友推張仲高談欽普生
甌閩波練靜淄澠帶金橫天上圖麟閣江東息
虎豹海渔吻浪迹獻頌賀昇平

幕六山人丘一龍

東海鯨鯢未戢蹤

詔令大將淨狼烽風雲陣

裏留儒術尊俎談邊寓

折衝古治干將原列宿

天閑神馬即游龍凢

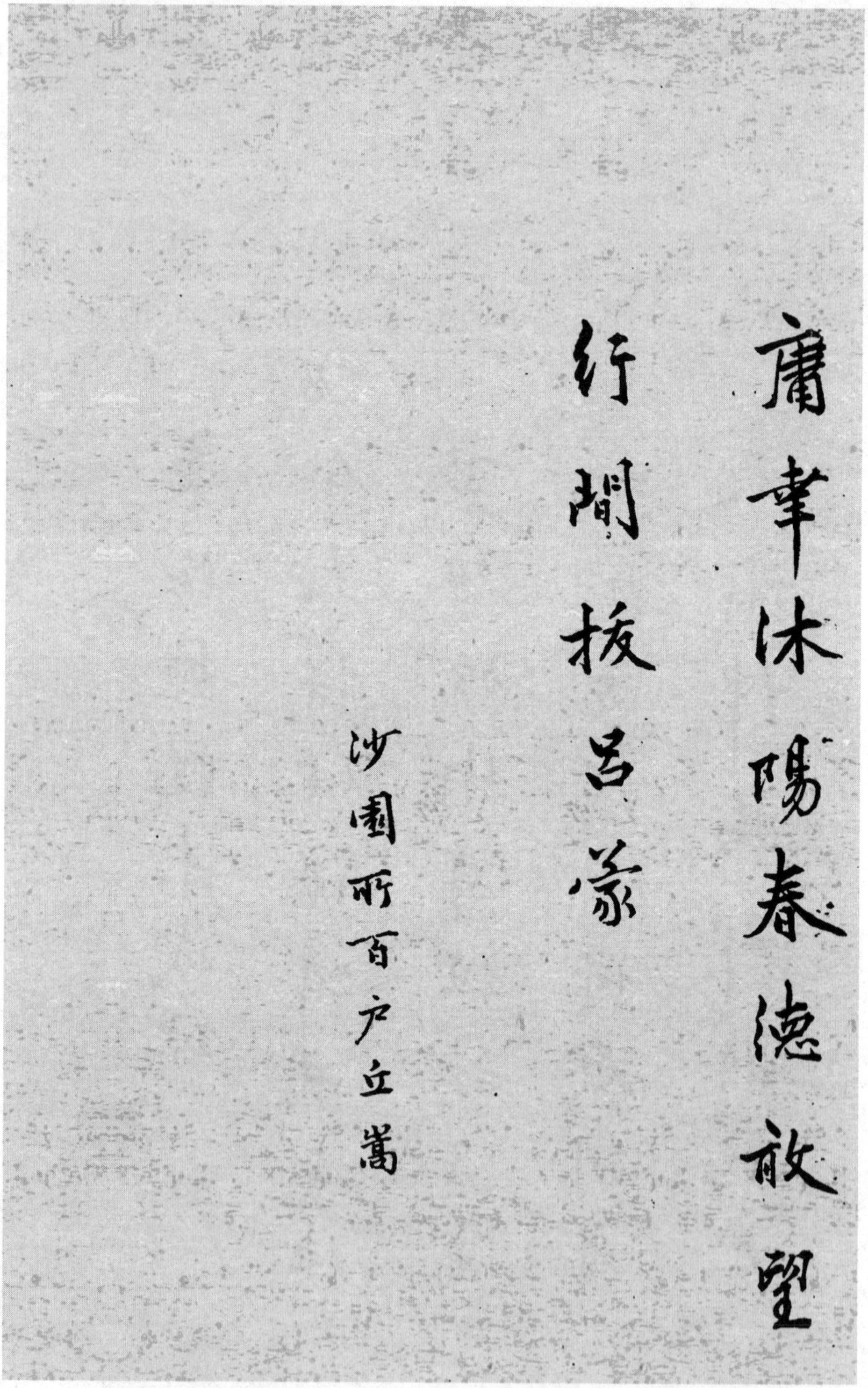
庸聿沐陽春德被望
行間拔呂蒙
沙園所百户立嵩

元戎推轂出江皋
手戟横戈净海涛
虏气熏天霜布匝
望眺脱征袍连儿子
木龙跳律海陵居云

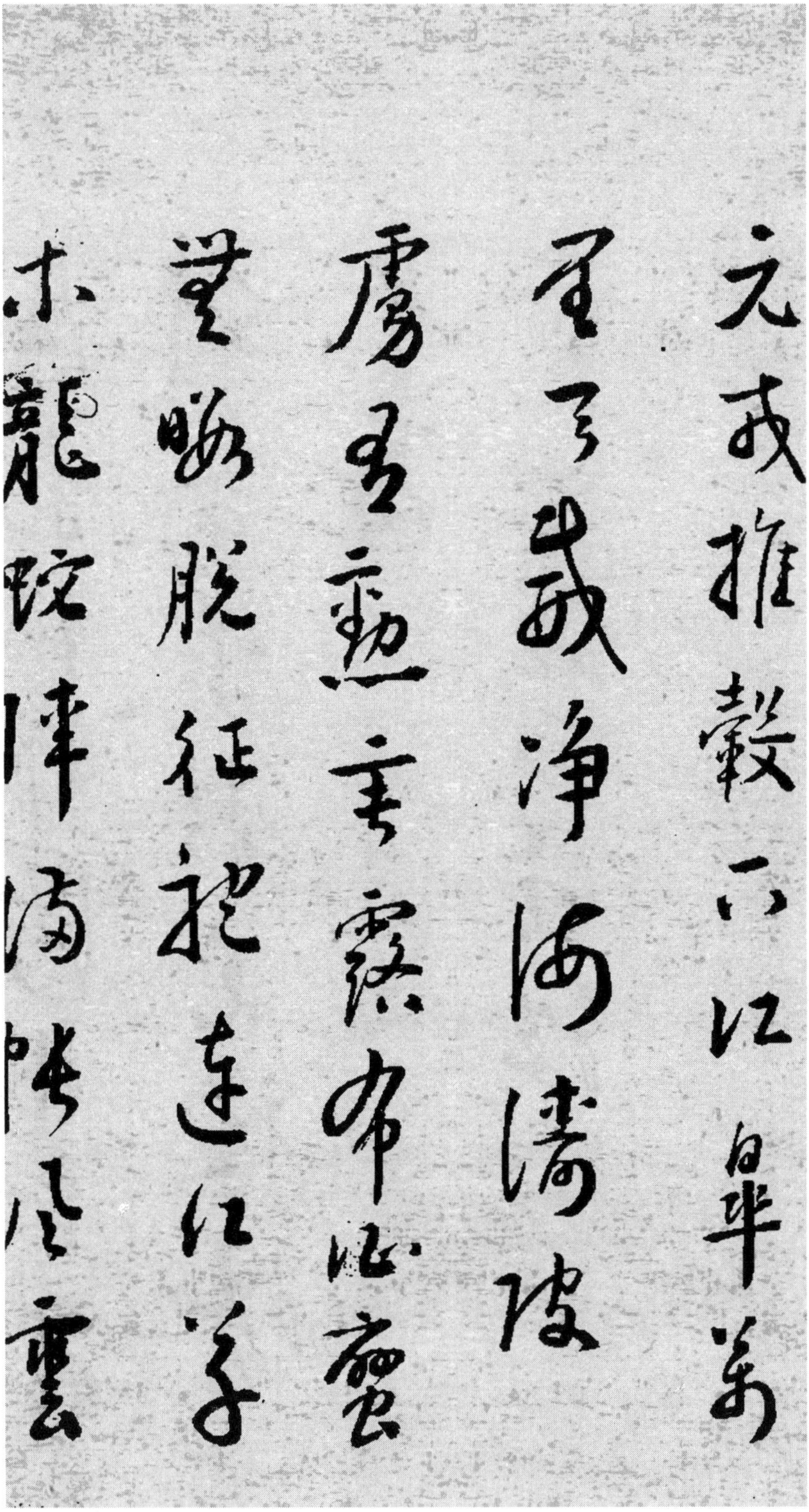

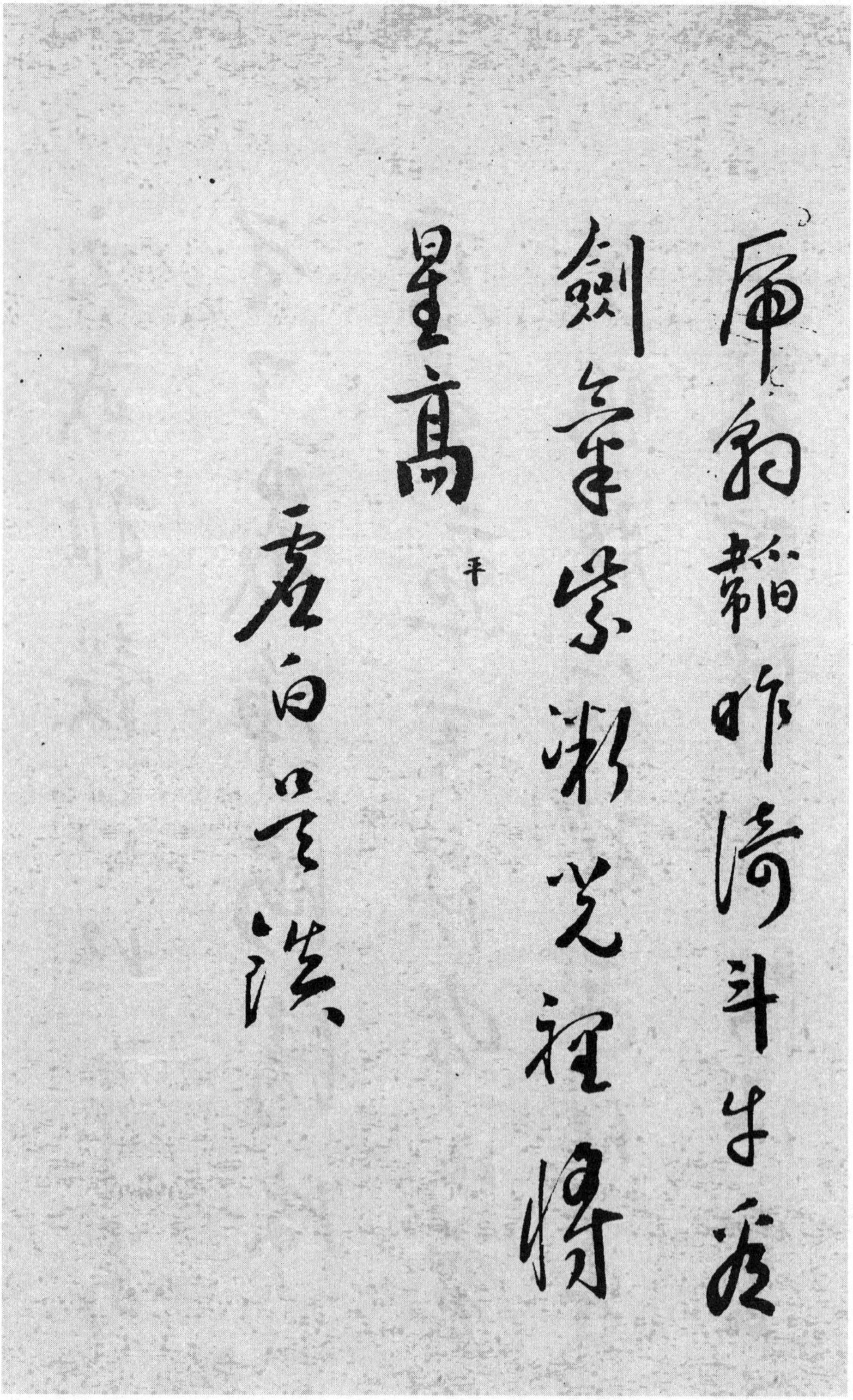

洋口洪濤海門巨浪滿眼
風波作惡擊楫中流闖難
半佰矢志不忘溝壑蠢爾
犬羊憑陵中國不幸
天王正翔喜有個
英武將軍奮勇宣威沙
漠呼吸間金鼓交鳴旌

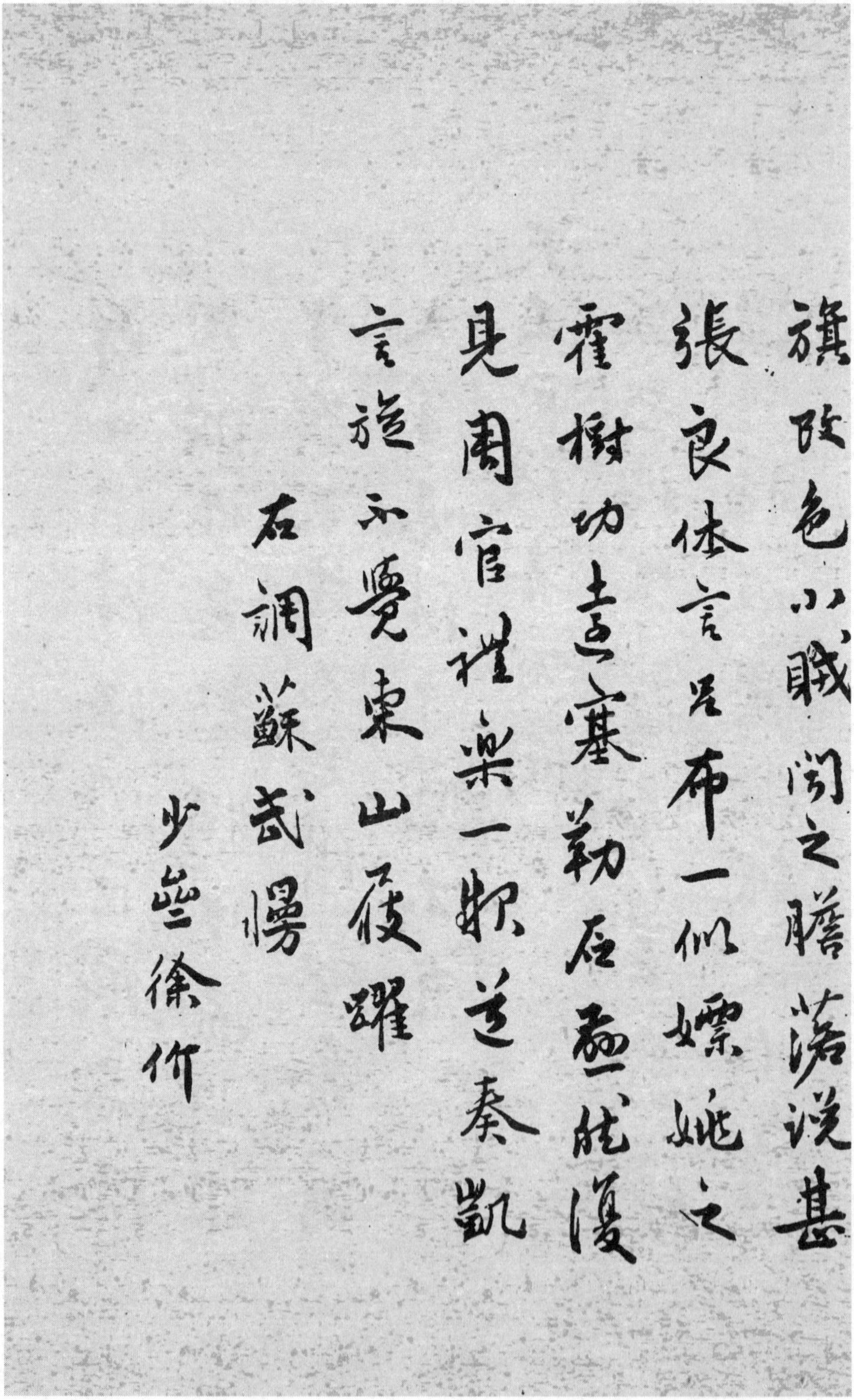

旗改色以職閒之膽落說甚
張良依言君布一似嫖姚之
霍樹功遠塞勒石盛能復
見周官禮樂一躬並奏凱
言旋不覺東山夜躍
石調蘇武慢
少岑徐价

我生空幾將軍

我國不能宗专

盡雲南极恨三

較濟六帆絹溪土

開謀倦浮海气

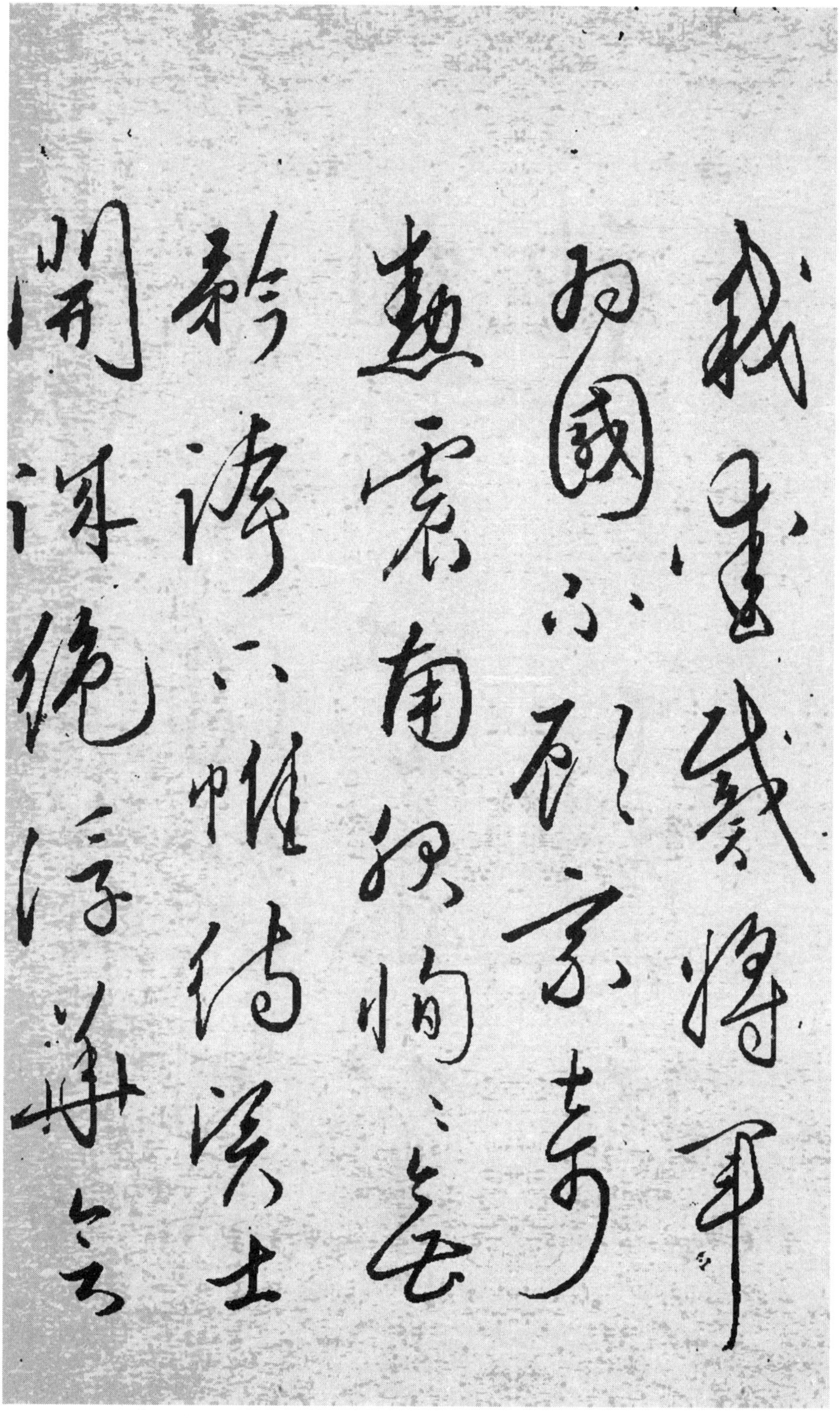

浴荃金梁之埀
無窮漢徐間兩
椎鈕吐氣如書
龍

中露林傳

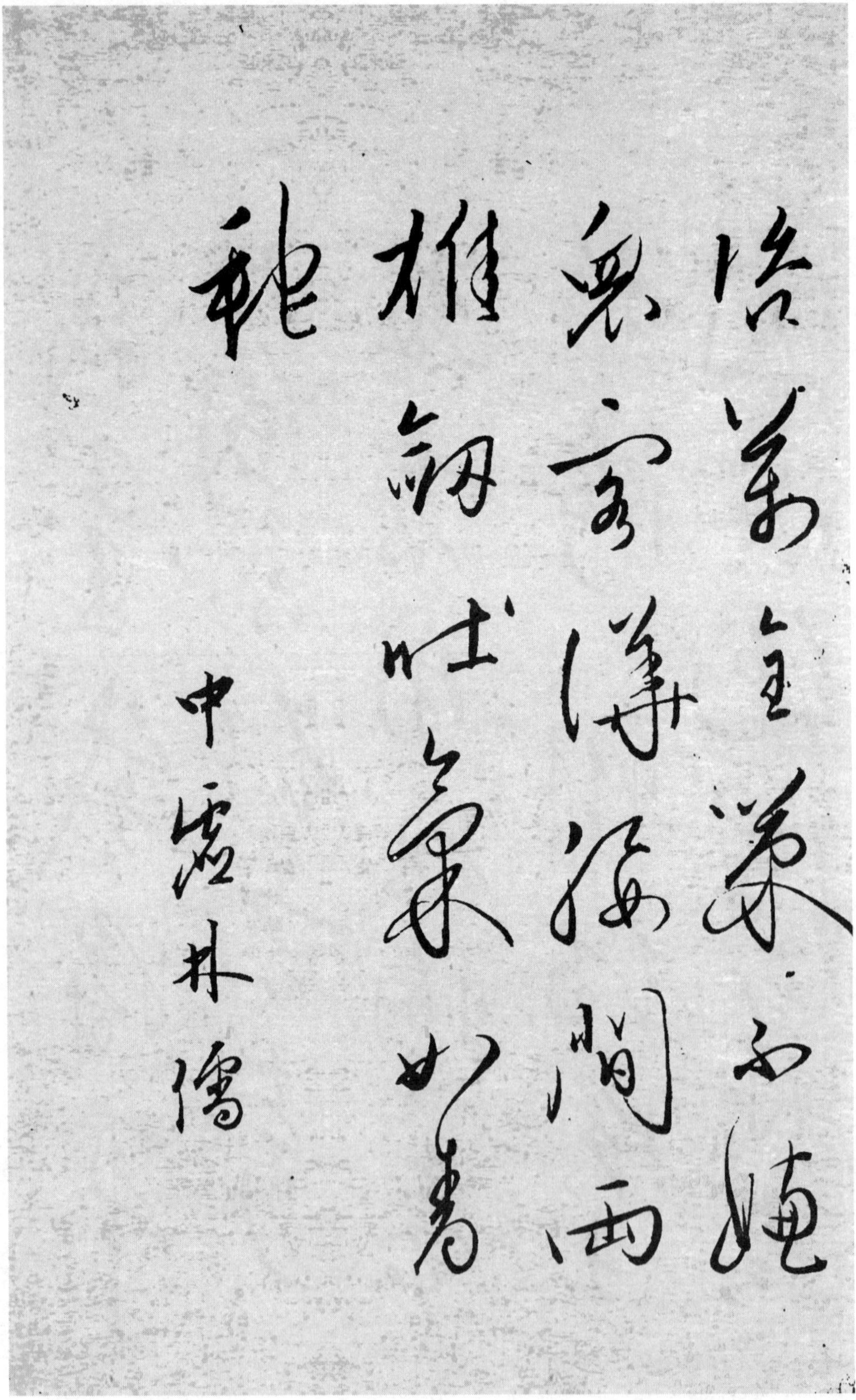

元戎駐節大江湄，桃李江城日繫思。說劍燈前飛急電，賦詩馬上鞚青絲。自慚樸樕登臺逈，敢謂才為入幕遲。萬里侯封應在即，長途不盡惠風吹。

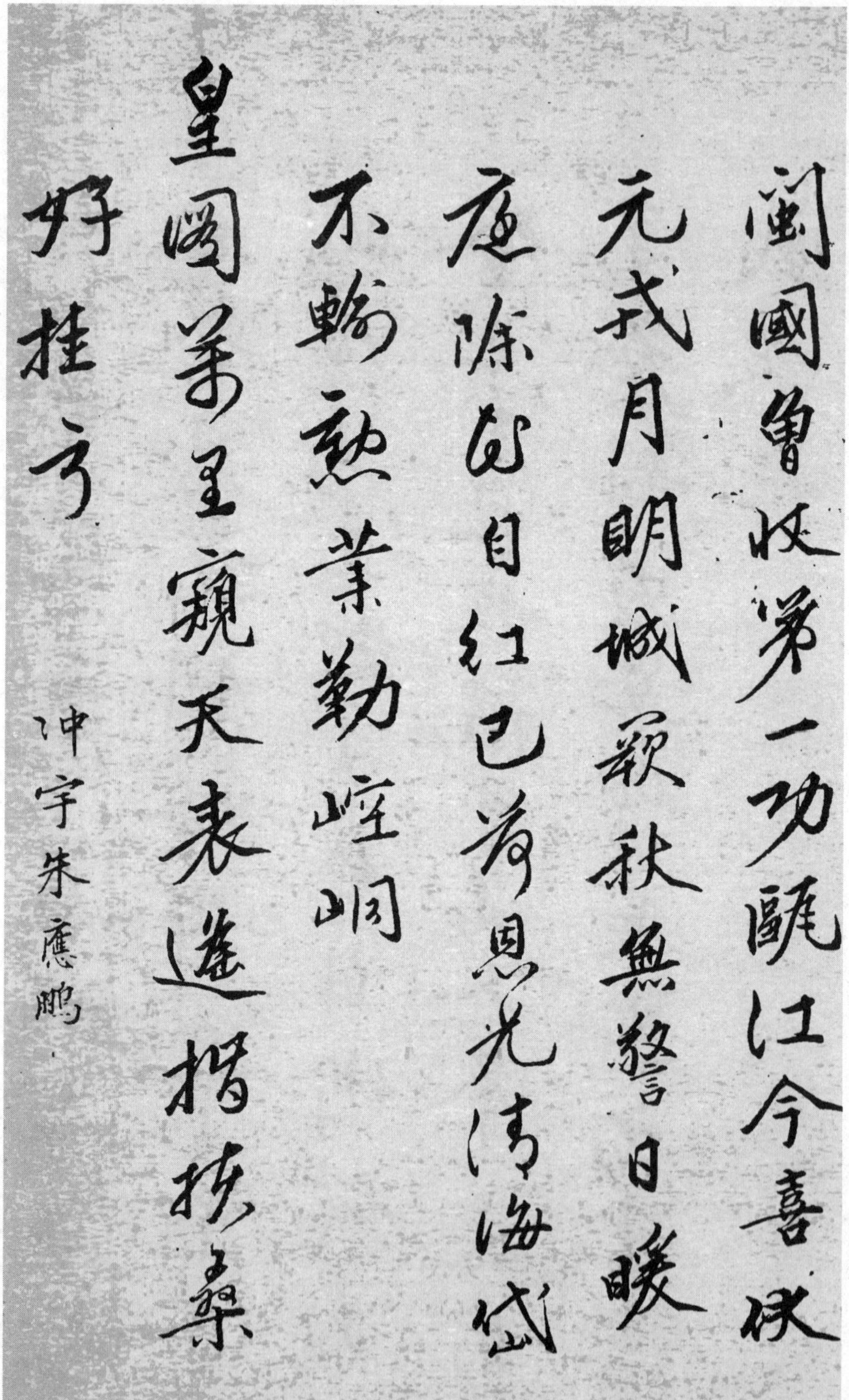
閩國曾收第一功醍江今喜伏
元戎月明城窺秋無警日暖
庭除花自紅已荷恩光清海岱
不輸勳業勒崆峒
皇圖萬里窺天表遙指扶桑
好挂弓

冲宇朱應鵬

君不見湘湖劇賊占飛來岳侯應識如
風雷又不見平陳猛將韓擒虎橫江宵渡真
神武後來繼者何足數元戎特出雄千古飛
雲古渡開浙交剝床切近寇派巢孤城如
彈臨江滸時時風雨鳴潛蛟一身霓旌下東貉
威震諸夷膽皆喪落忽揮長劍海自清疊

皷全師轉城郭儒律相慶滿轅门誦詩
雅奏平夷樂瓚瓚福祥泰備員須努叨
容虎帳前持觴舞劍上俚言壯士歡呼皆
感恩

瑞安所千戶朱應暘

倚天長劍筆横拖瘴海
風烟一望收小小伐之間櫜鞬
挽南征盡説請東箇兩
旌節鉞行開府千里任聲

興壯趣糟閣他年田舍

變要作爭欲月立項

堂山虞書

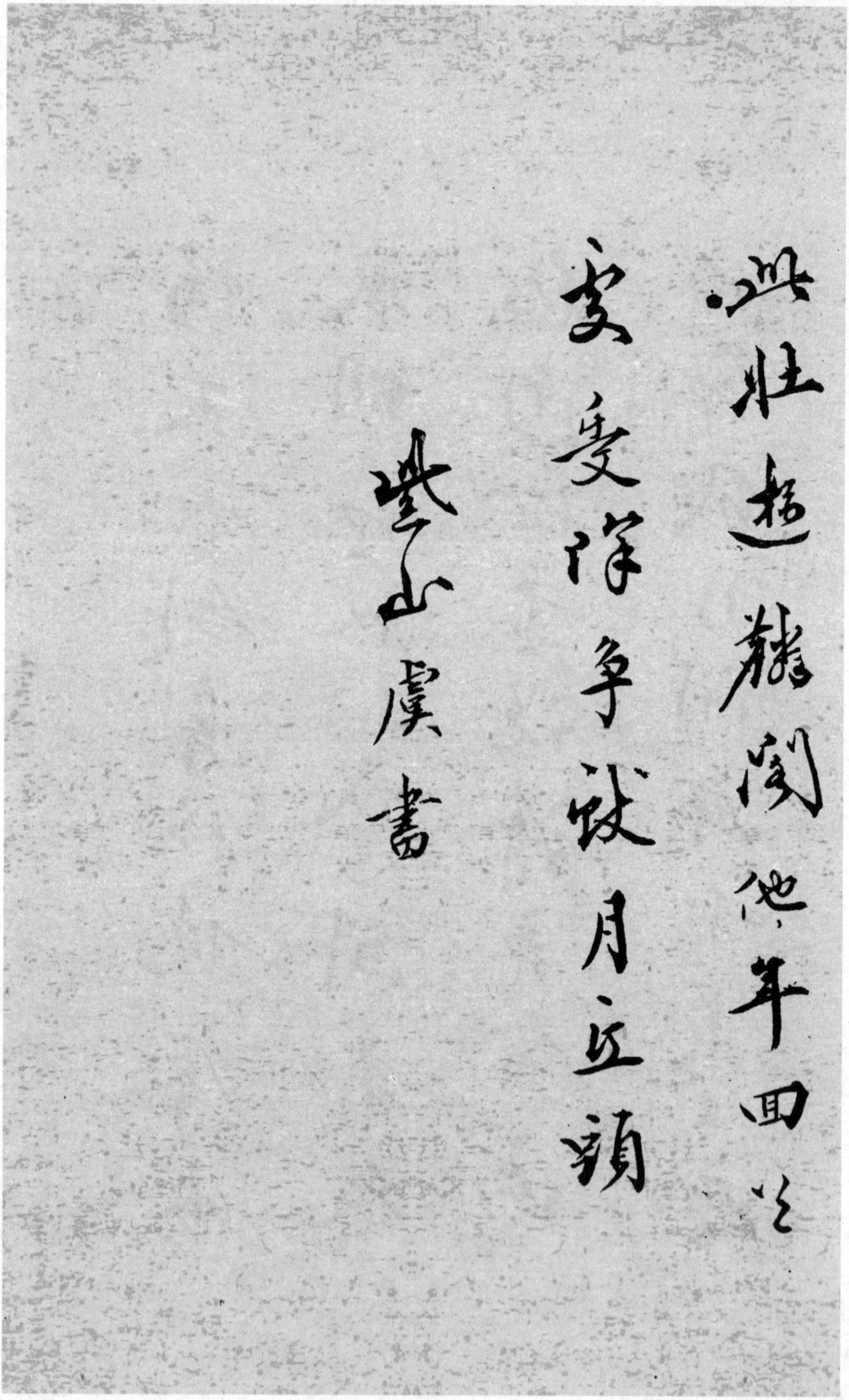

萬鶴群飛出鳳窠

如山雷屋擁船寰

風戲岩山言言交後

海日如潮郎已受

隆

瓊海張守身

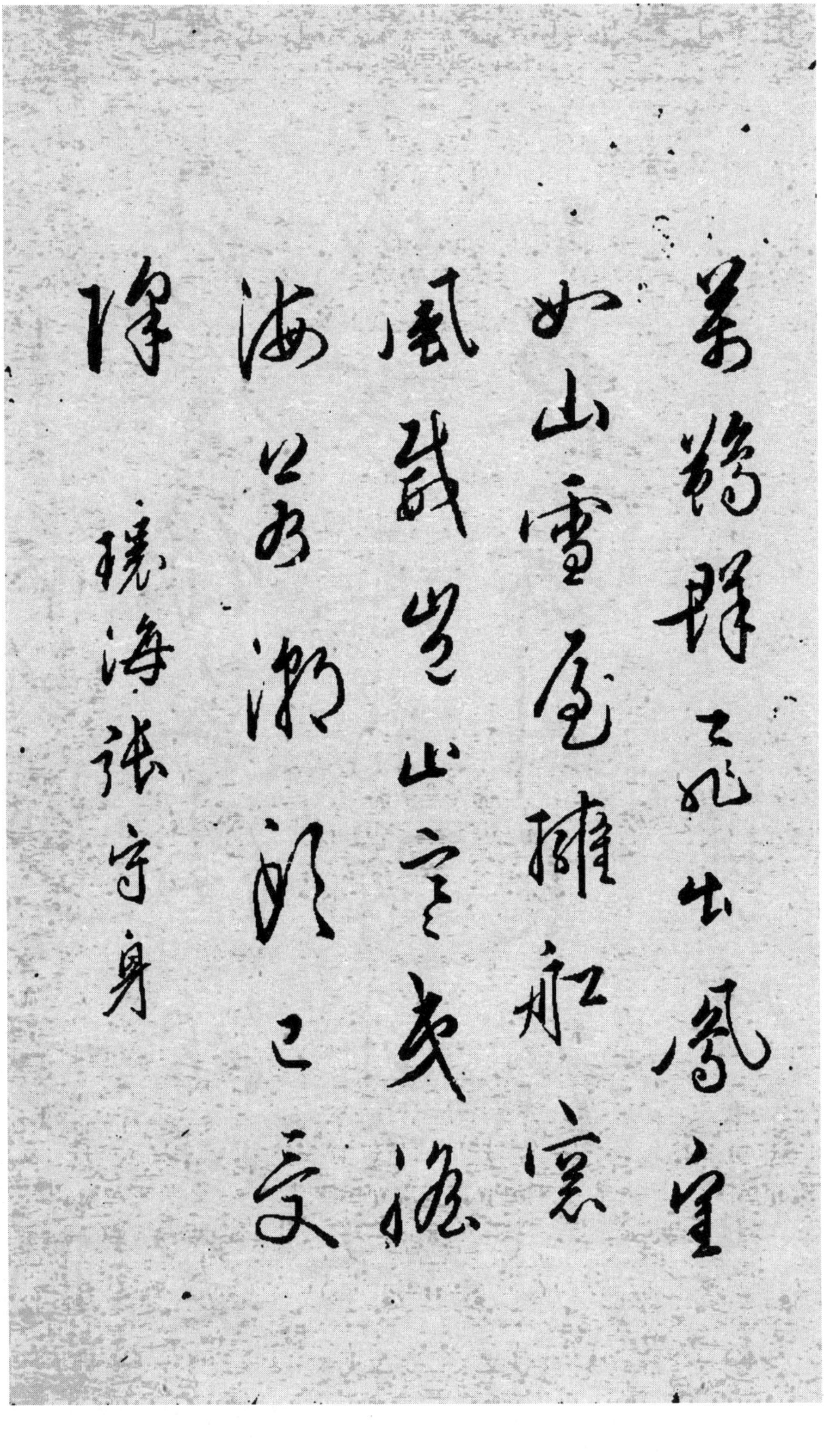

將軍長纓侍玉郎
對貪粮血海澄偬堤
抵裳來對琴休古敢
子夜舞一荒鵲

嵩峰主遷

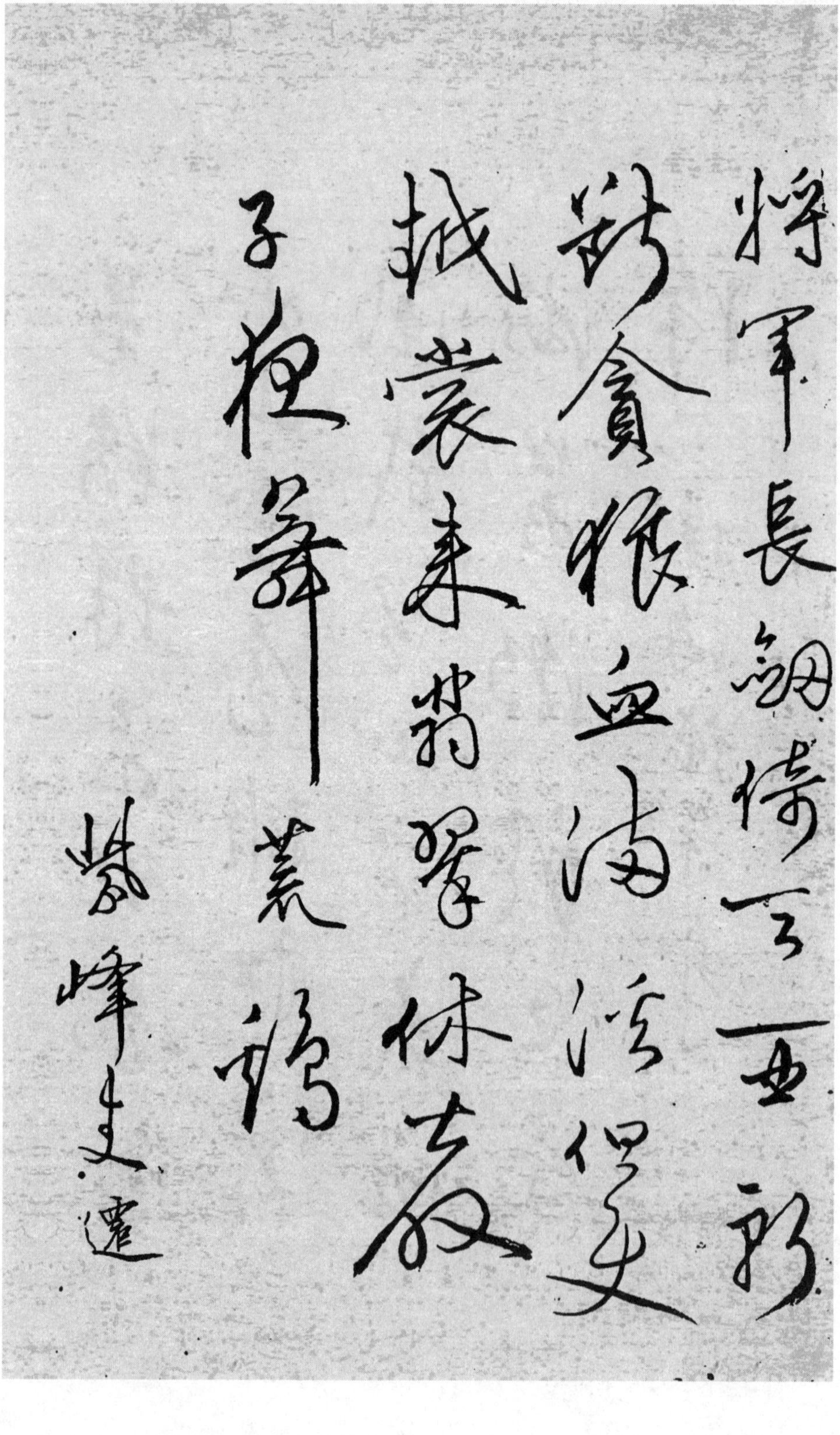

君馬黄

君馬黄我馬白絲轡瑤鞍雕
玉勒當時同入雲錦群兩兩
相從共棠小以君黄馬化為
龍滿身雲氣勁凌高共海異
類只倦老友攬轡空鞍氣

吐虹蚍蜉果家千里駒追風

逐電疾若飛宜鐵海圍炊

爨諸將向蕊然俯勤望碑

愒嵝徐期元

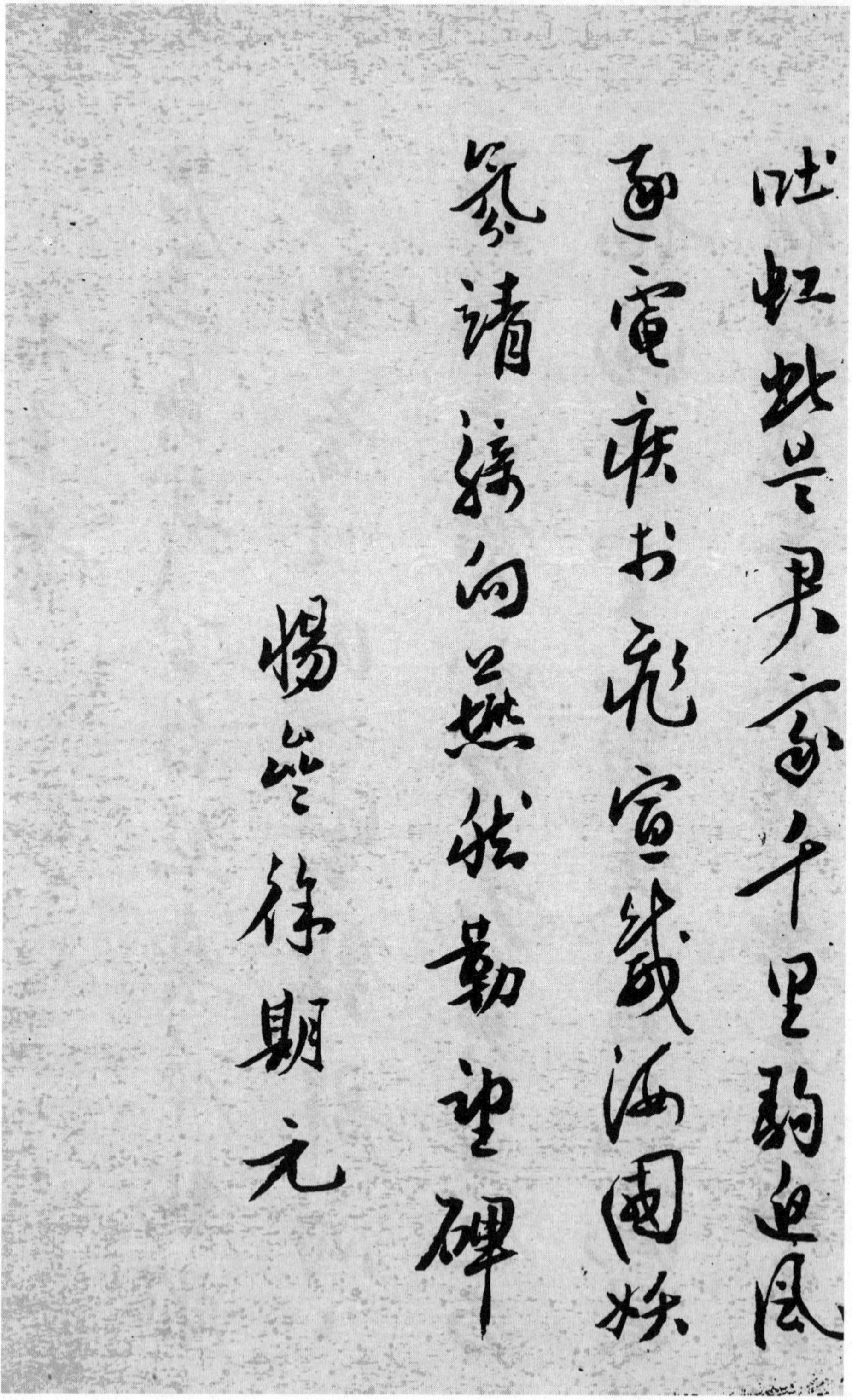

登舟如戰筆如紅棗
北江南百戰功細柳
舊陰聞按轡彎枝桑
乞喜桂彎弓采旗
閒日千山靜畫角吹

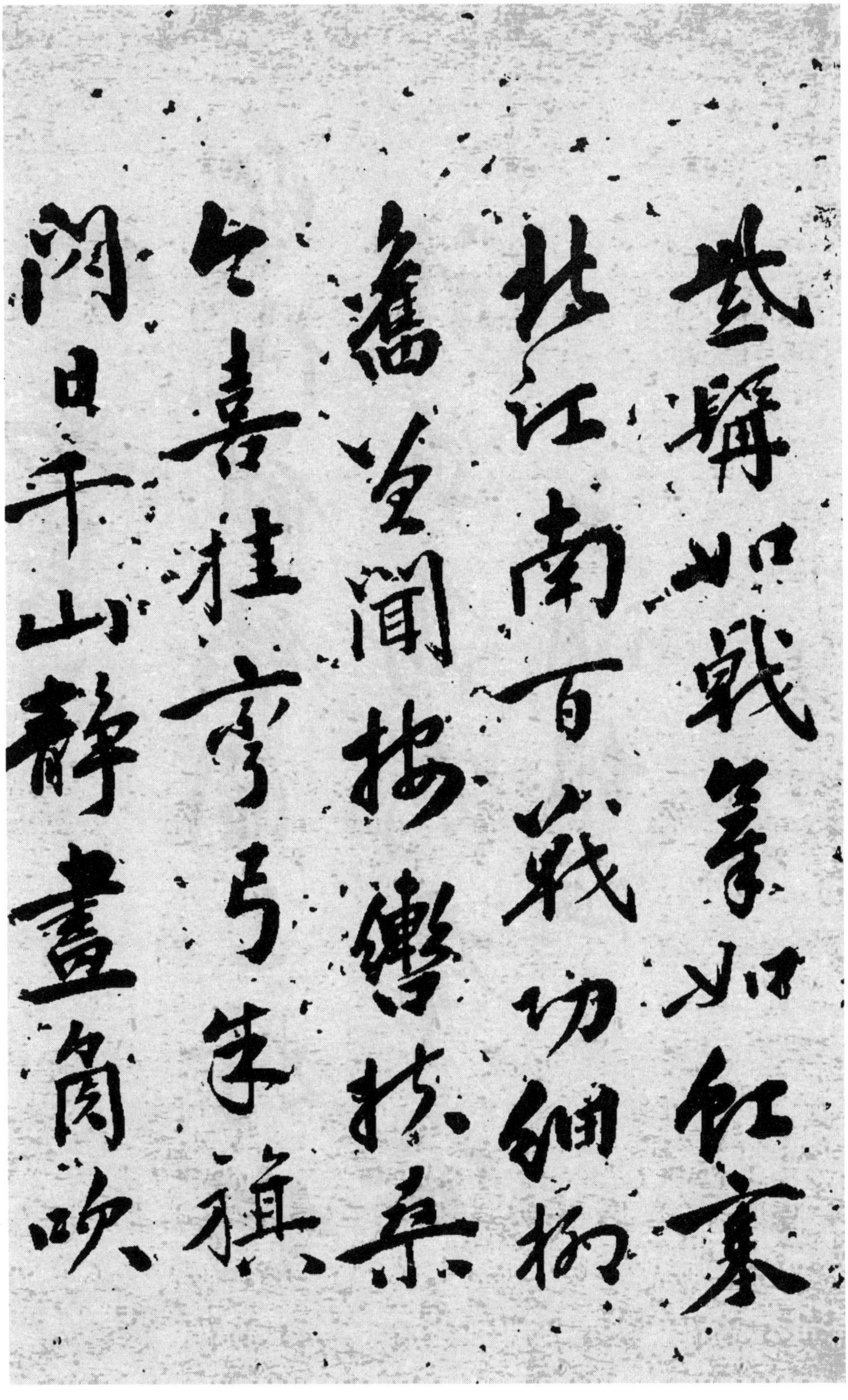

煙萬壑空

聖代祺龍圖上將

謬英雋割牽公

文湖胡濚

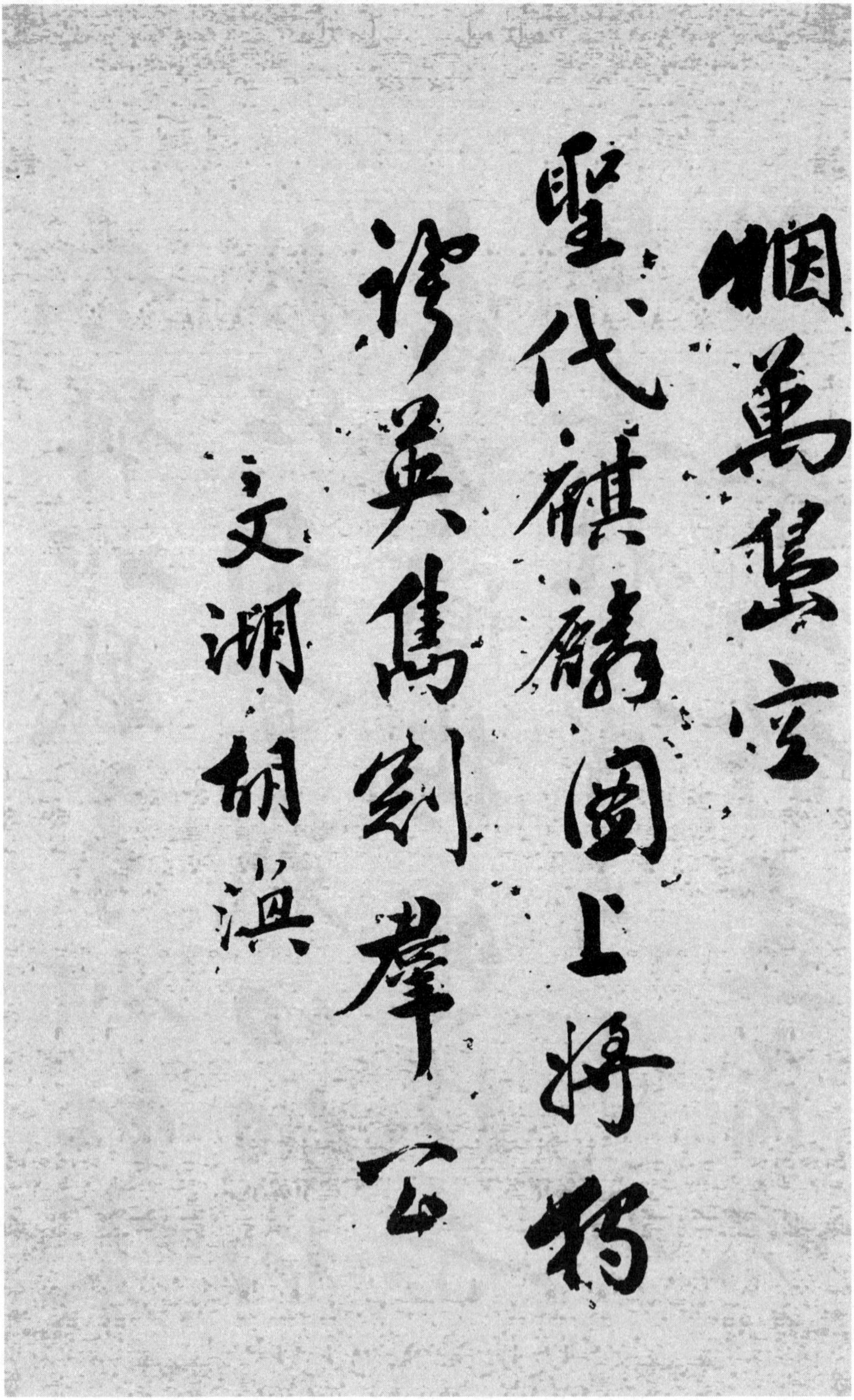

一戰鉤深或不謀
中興諸將少如尤覺
畫看頌述重文雄犬
無聲畫見軍玉帳
夜烈秋塞角畫畫

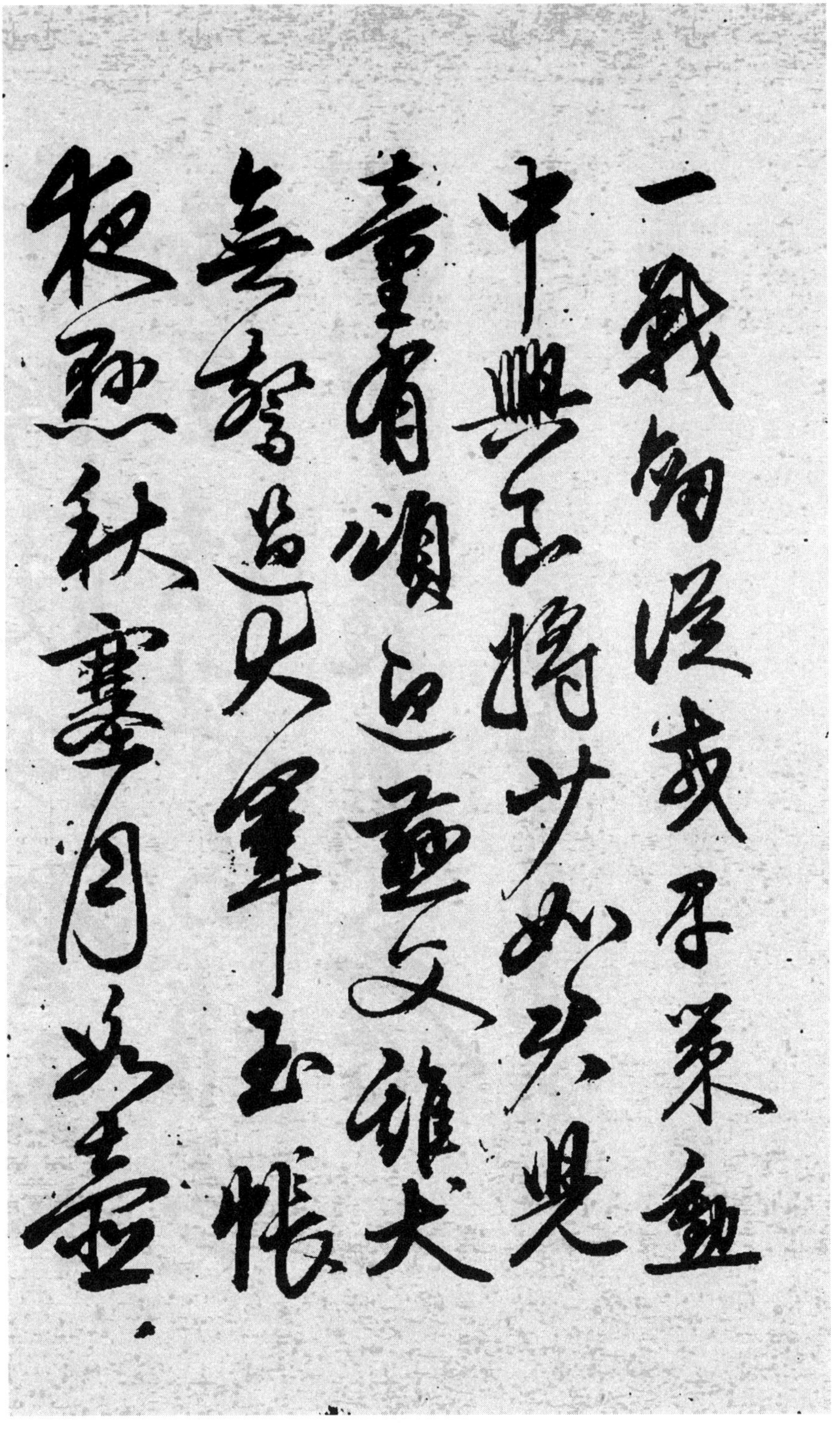

澄沙屋鴈序

萬里捿萊外唯鳥

東野曉江雲玉今

丞東林萬槐

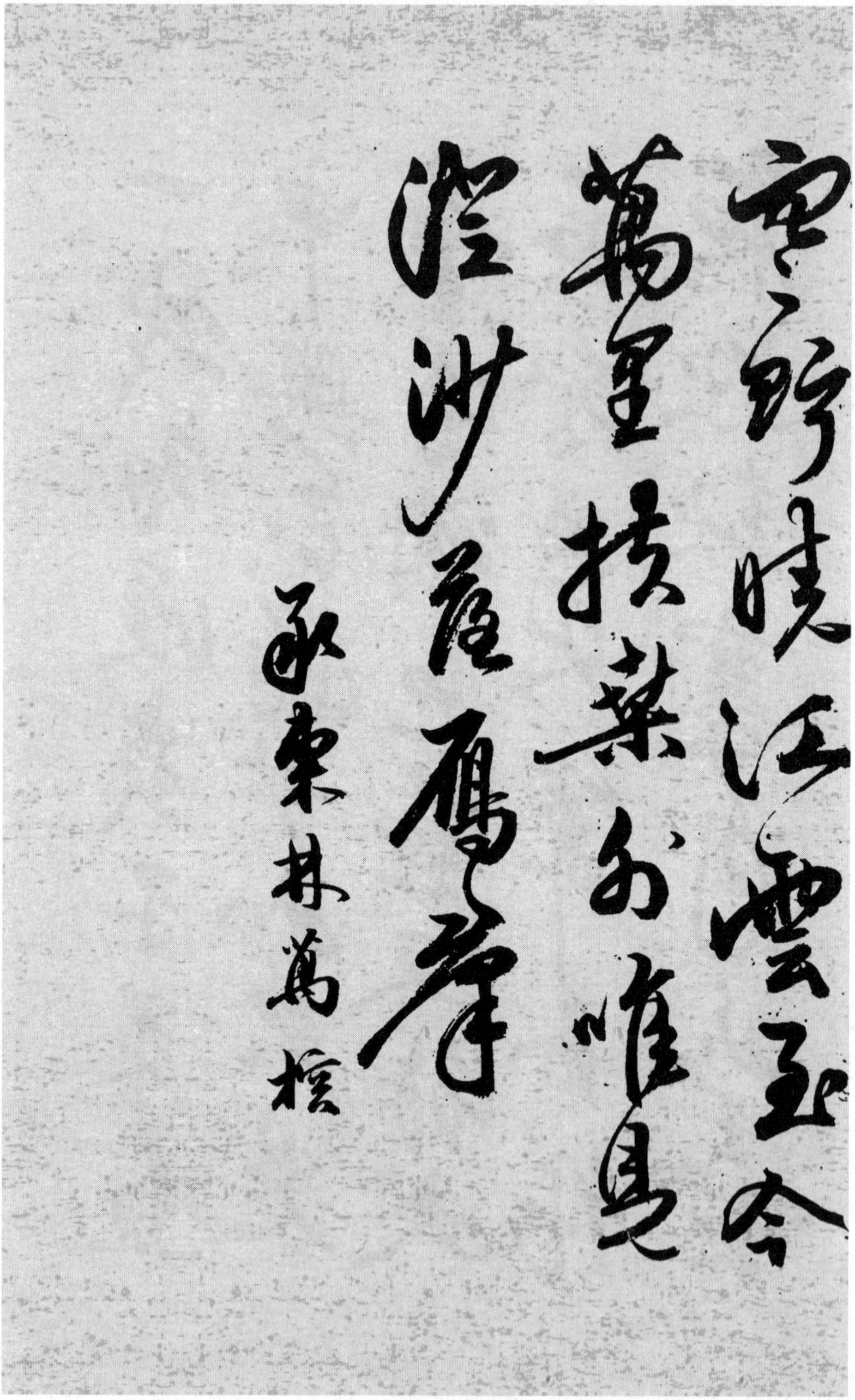

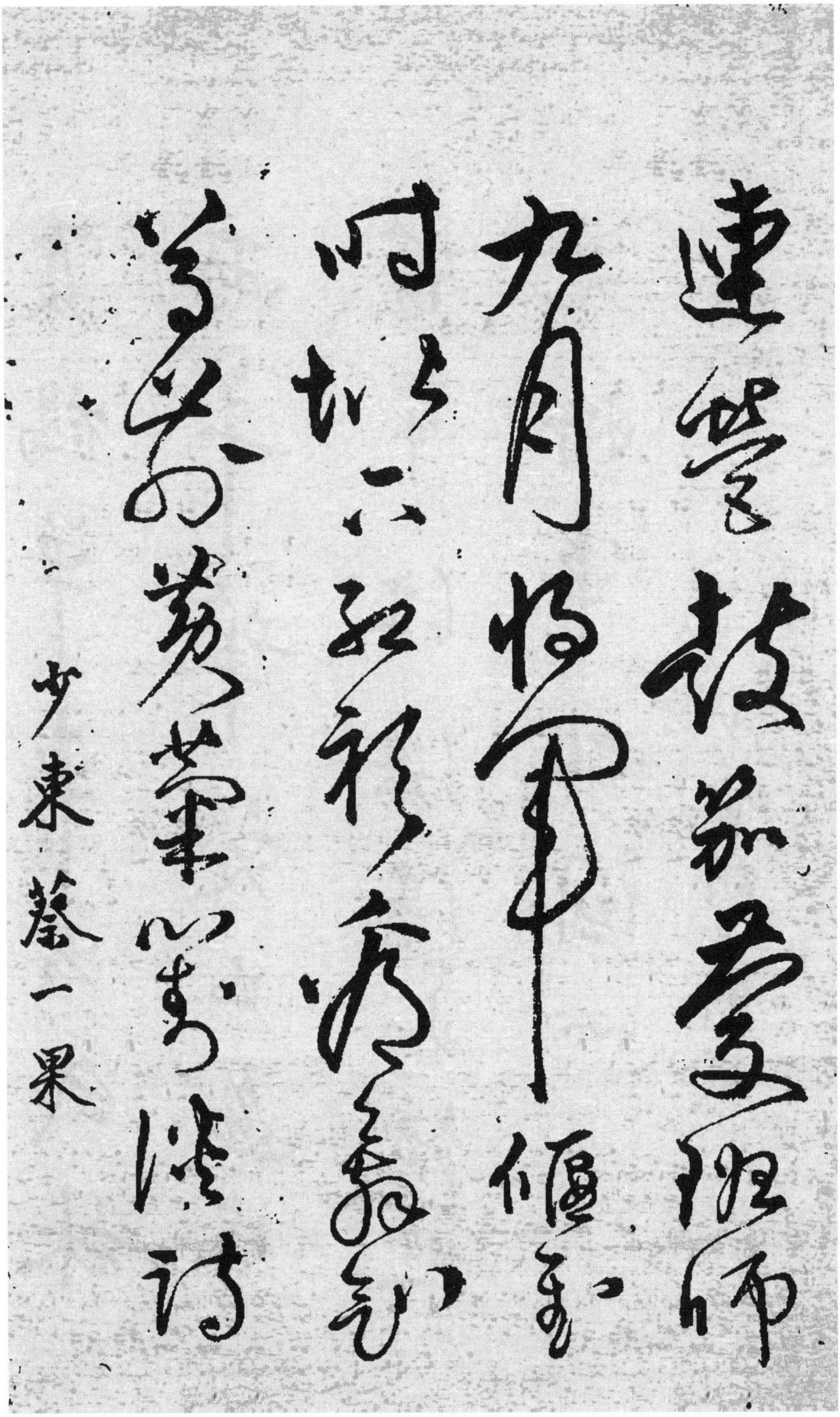

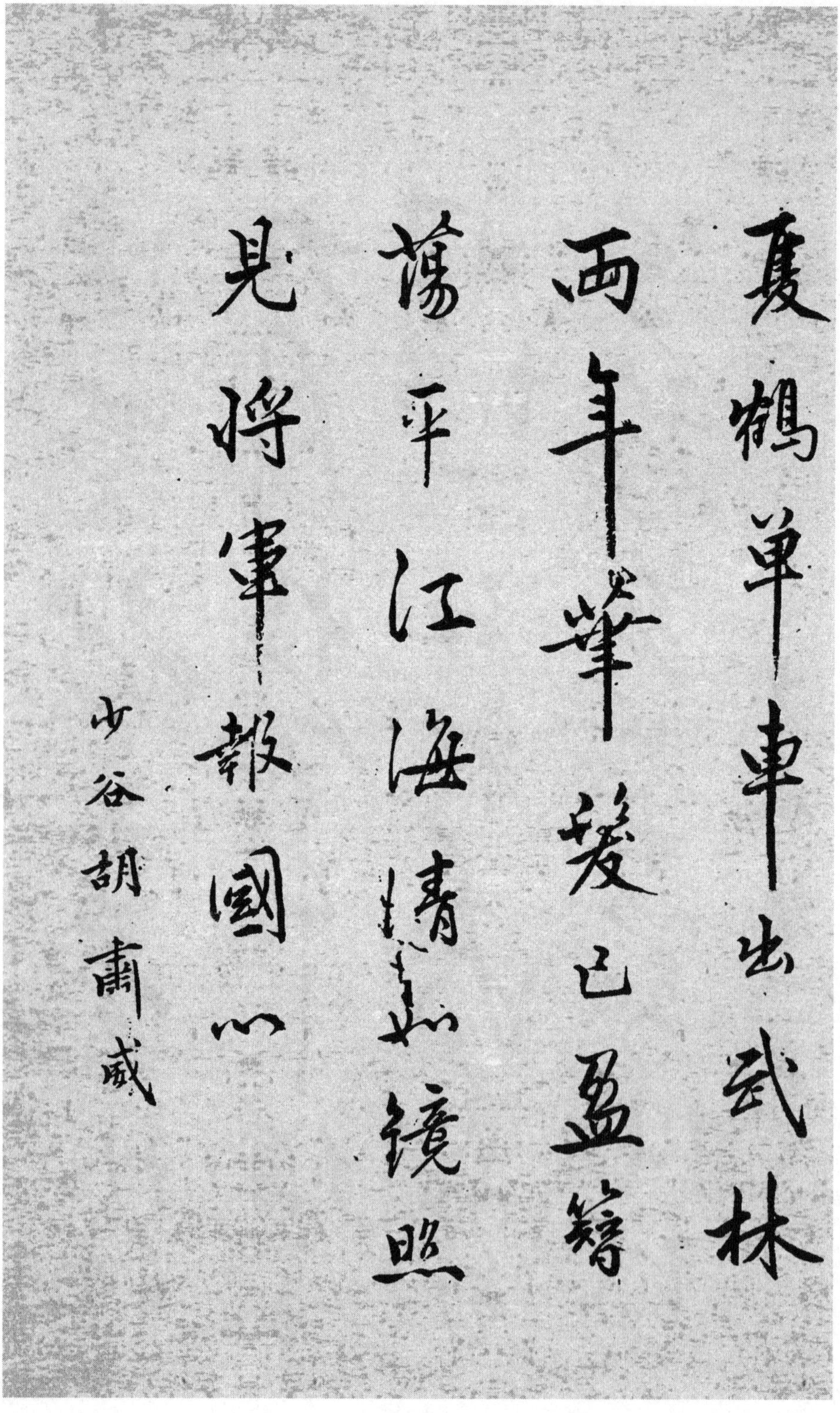

夏鵰單車出武林
兩年華髮已盈簪
蕩平江海靖如鏡照
見將軍報國心

少谷胡肅威

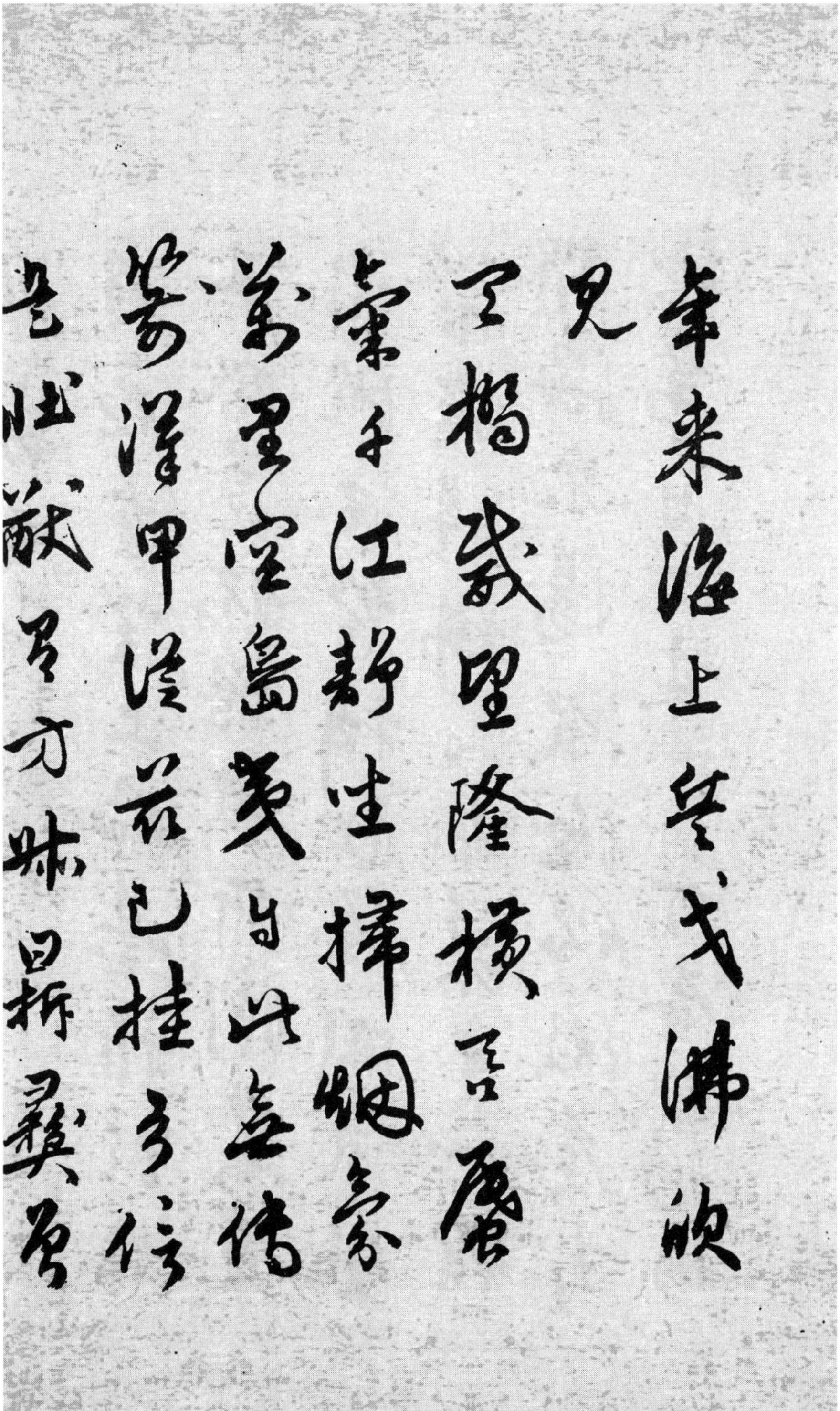

許勒元功

月夜重坐上陽基雅叙世

飛照筠杯楛俎折闌箸巢

宄灘添擊榉壯極開鳳凰

四下推旌拂日本巢中小膳

攤海不揚波漁碣徵彦書

次第日云来　介庵業孔福

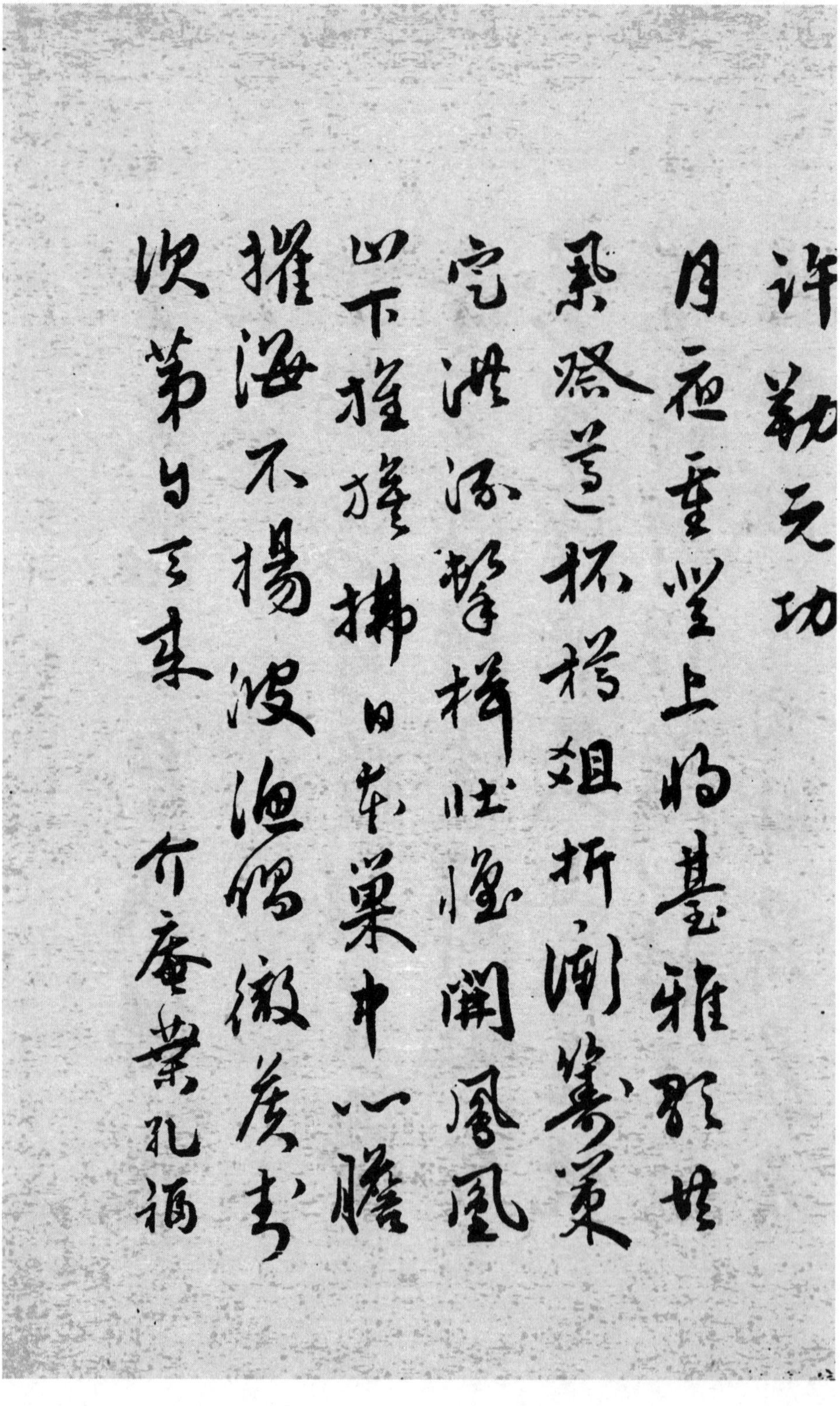

當年西水沿長城
東海于々又為
手劍出匣中秋
後蕩矢飛雲好
鳥聲派撤寫

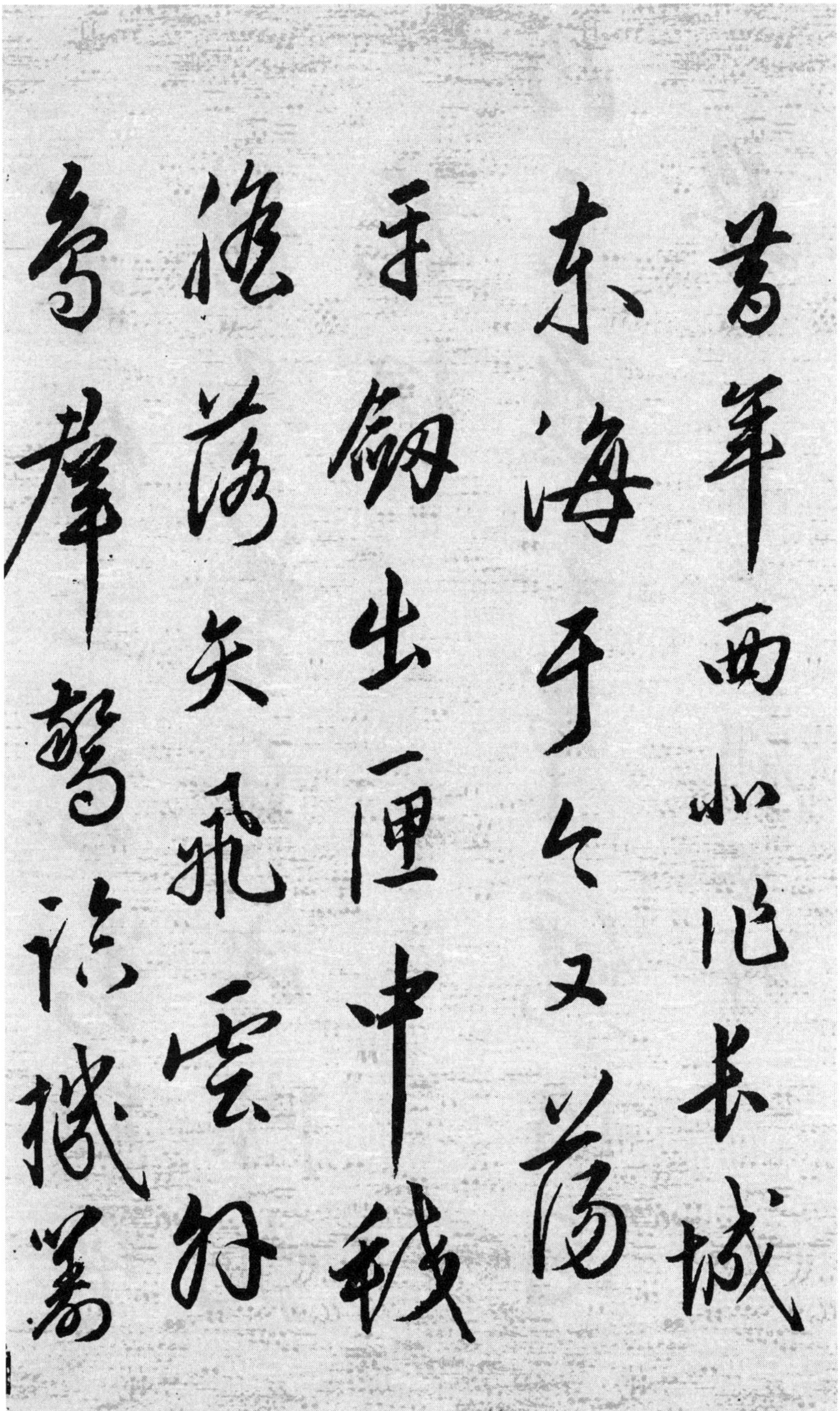

策行三畧菜敏省
禮足莠兵此際凱
挖損
明主應宗帶礴作同
照

小葵劉興哲

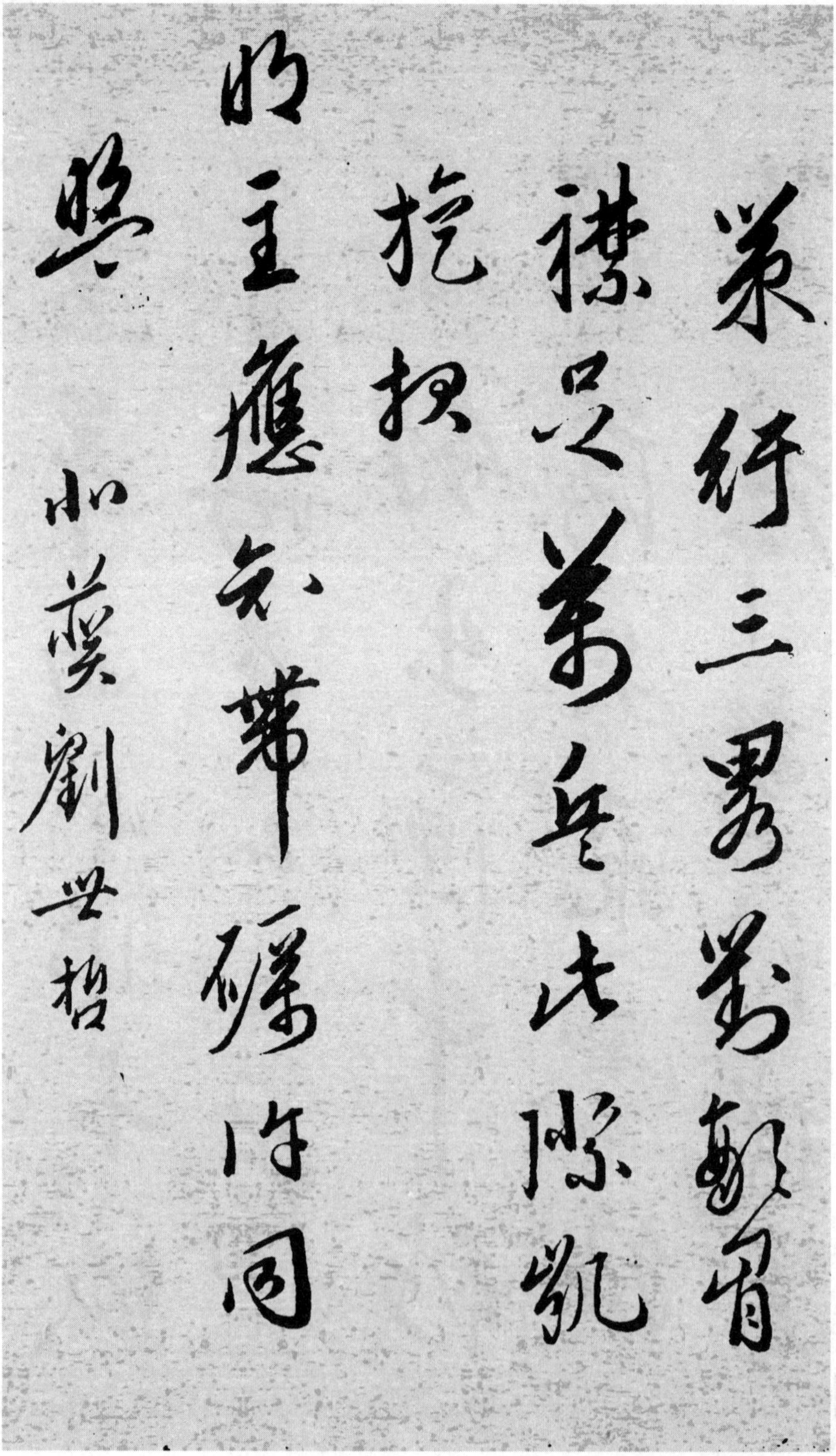

闕下叨陪鵷鷺趨亦
聞清譽滿
皇都詩書禮樂
三軍帥天地風雲
八陣圖馬放東山閒

戰士爭闡戰海盛

文儒北歸赤赴闡

闡為正賴吾郡有口

夫

佛山葉承遇

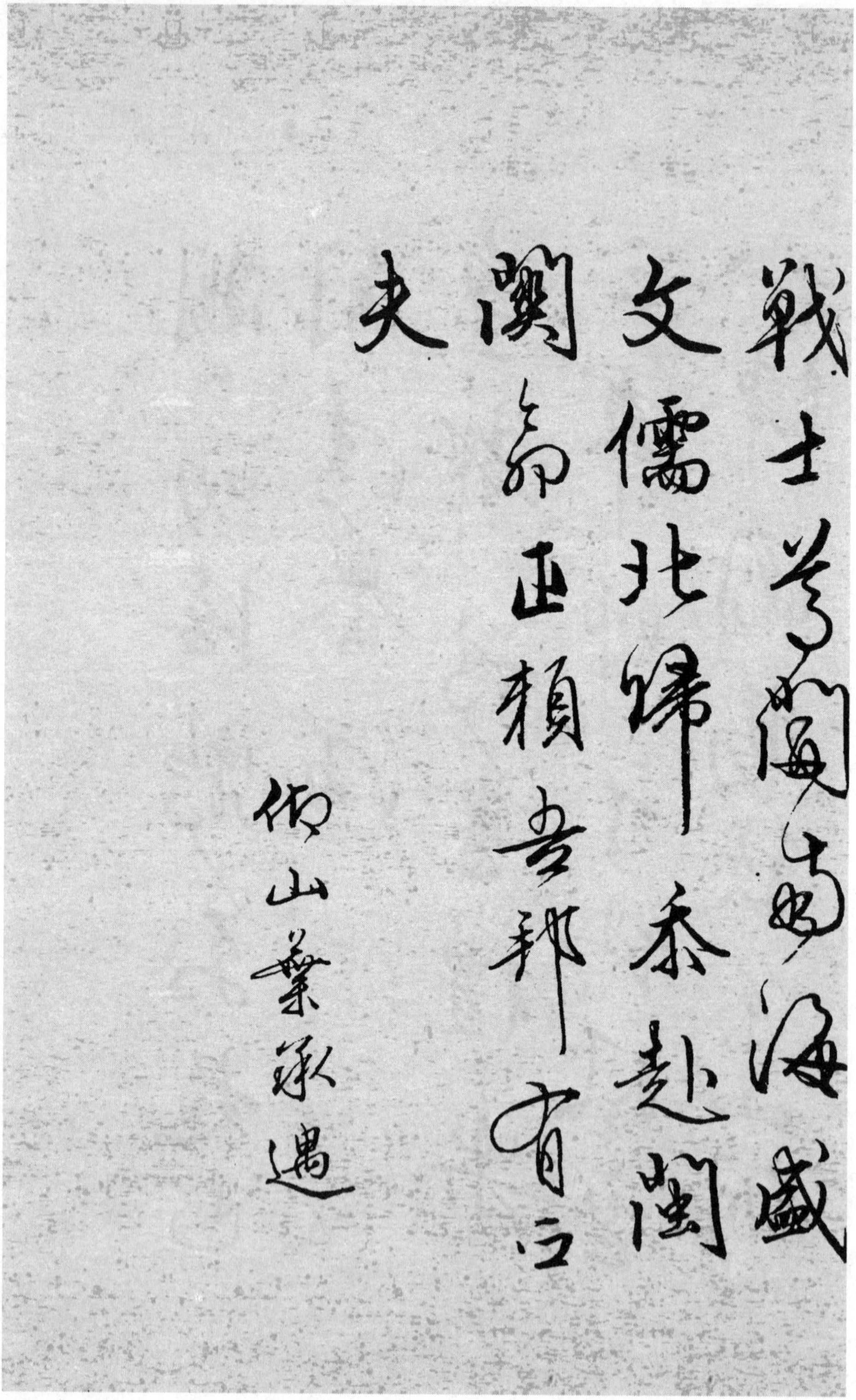

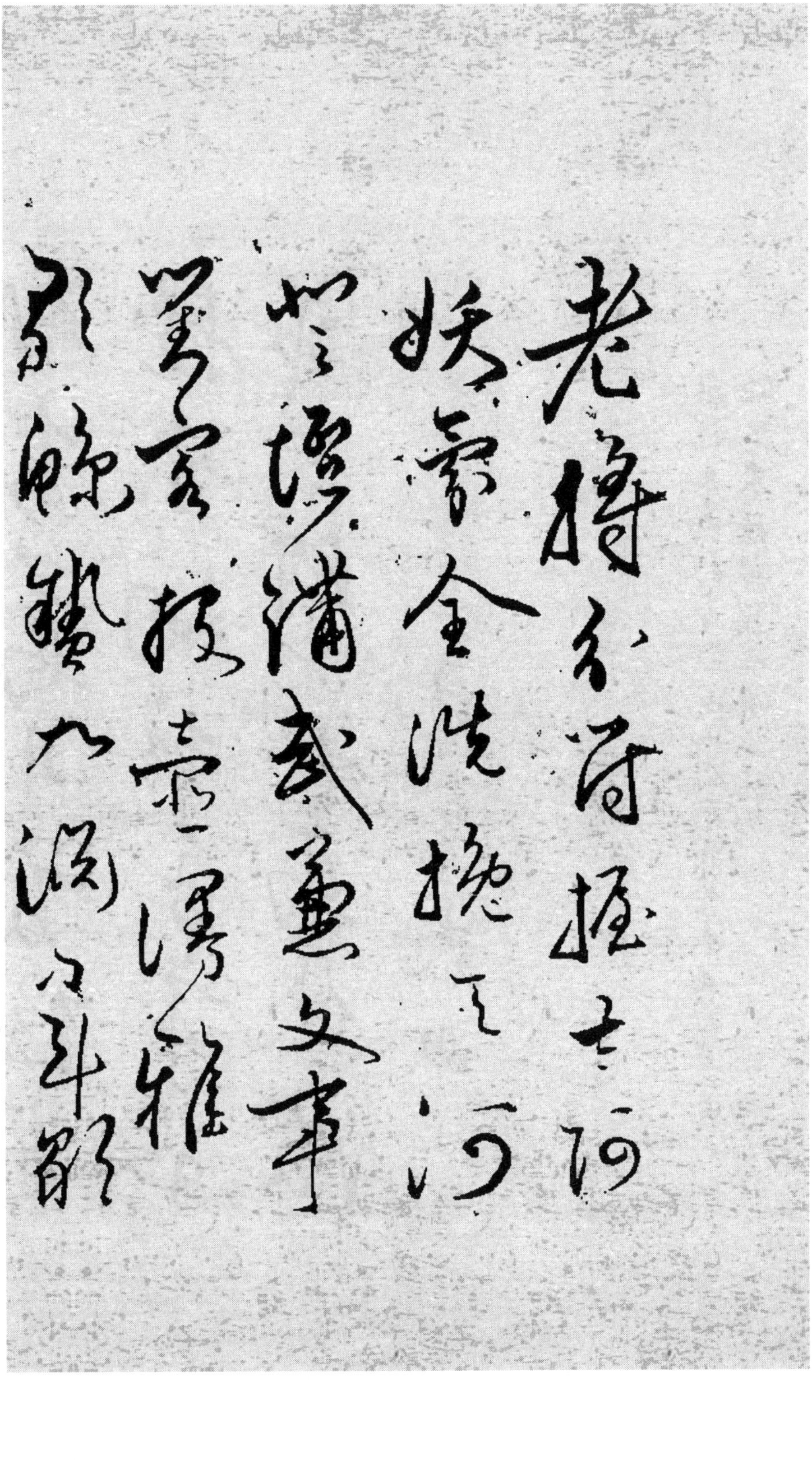

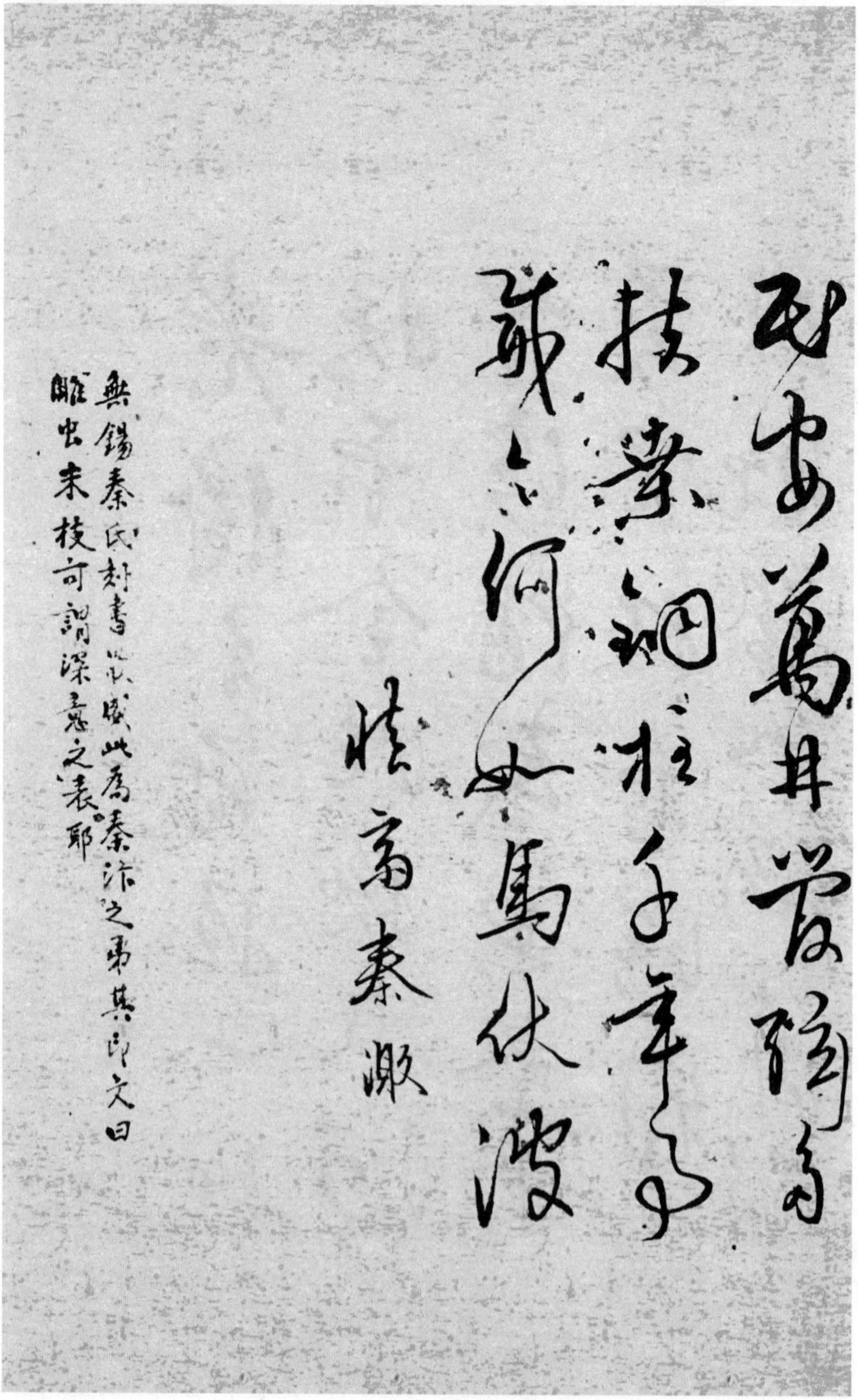

唾手能收百戰功

物端偉望屈元戎

宣師嵩望至富羌

籌決策三關陸壘空

南國折衝歌采芑

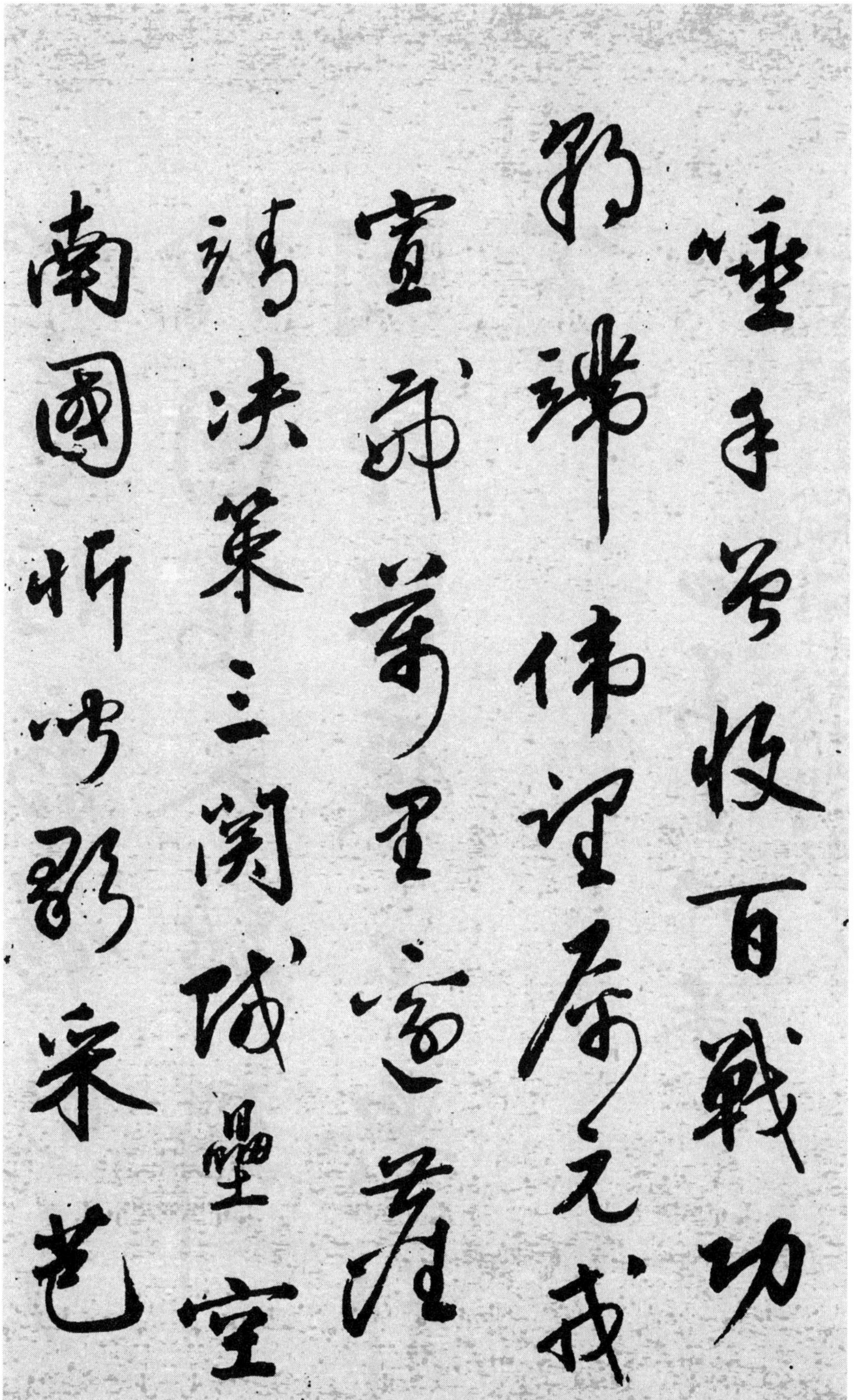

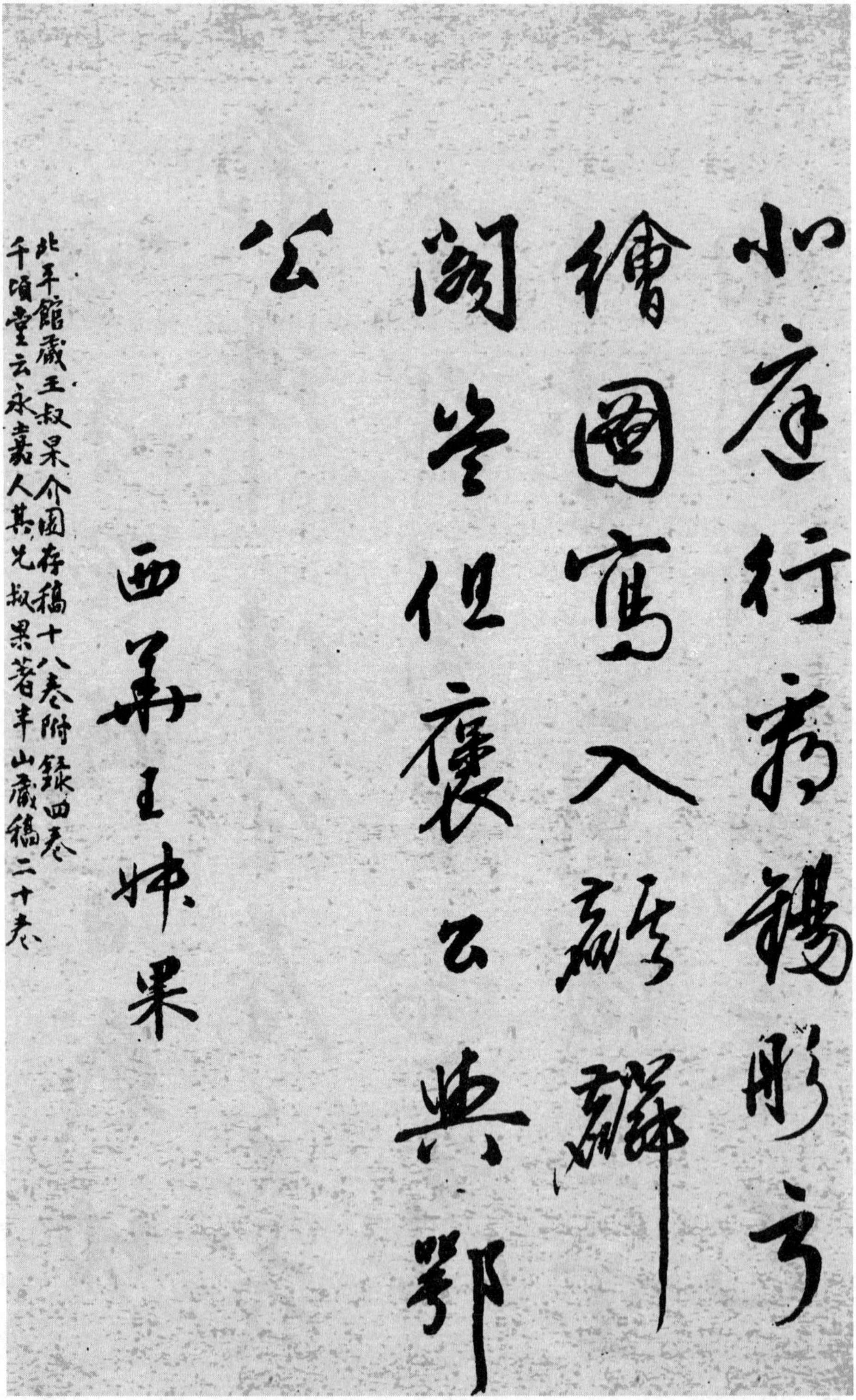
小庭行看鶴形方
繪圖寫入嘉詩辭
閣管但讓公與鄂
公

西寓王叔果

北平館藏王叔杲介園存稿十八卷附錄四卷
千頃堂云永嘉人其兄叔果著半山藏稿二十卷

龍驤一舉走天驕
明年百戰勞塞北
為甚竹帛歸來保諸望
難說鴻書有旗鱗雖
威武真蕪虎豹韜圖

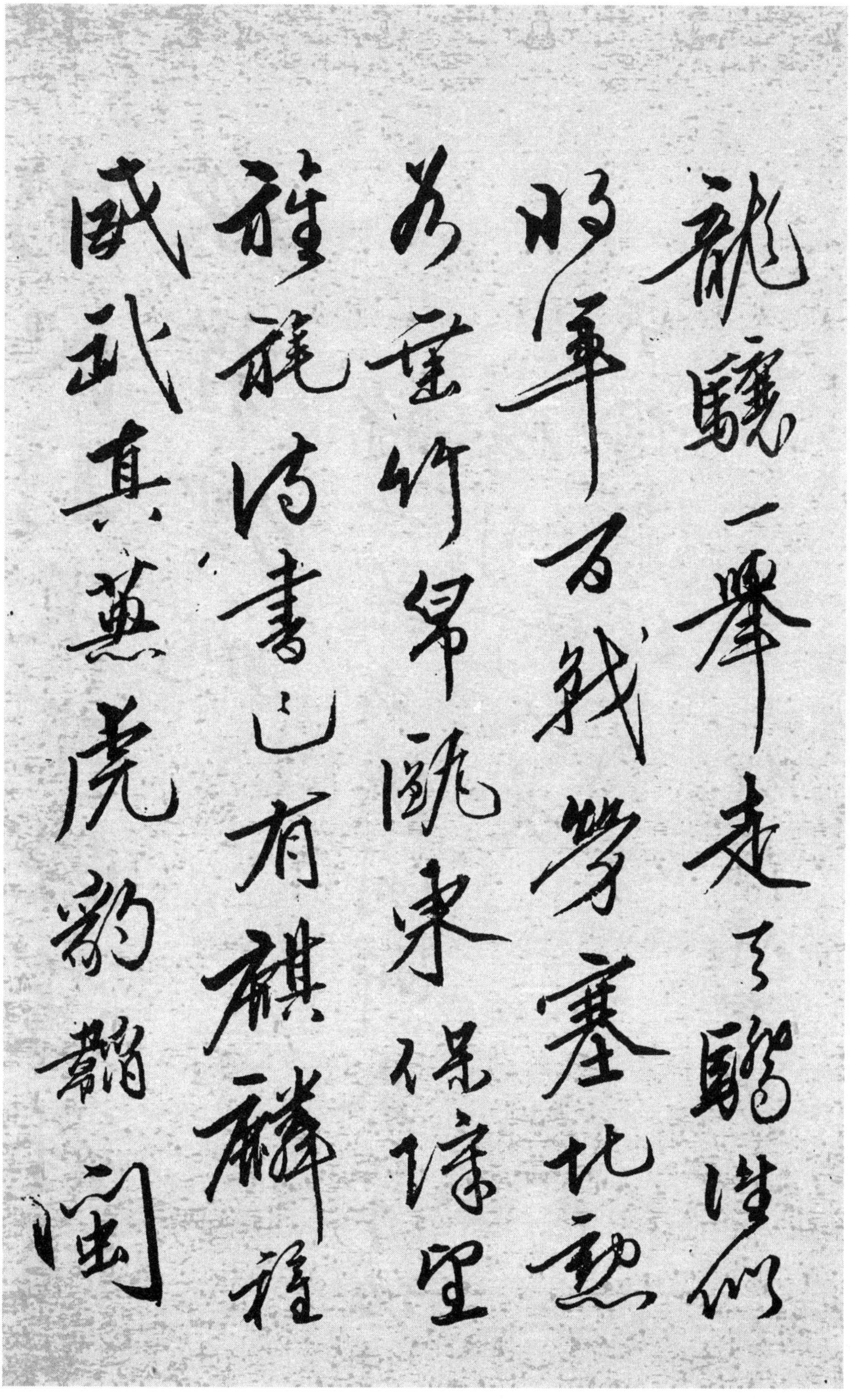

湘北於天下陣藩雄鎮

伏霍煙飛

時兵燕五德閩淅蓁奇功

僑問何人是

天搦戴繞我

送崔陳譯統

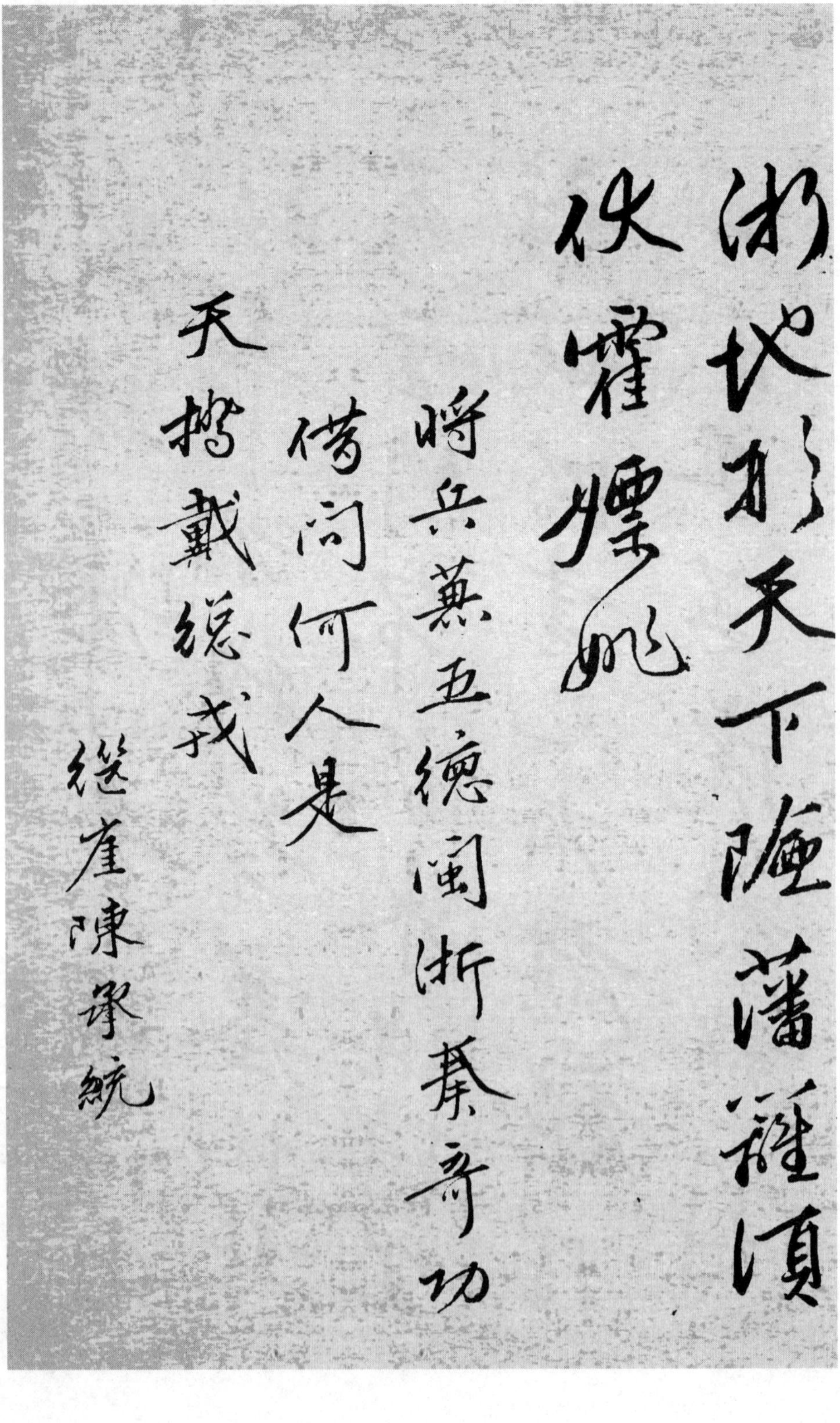

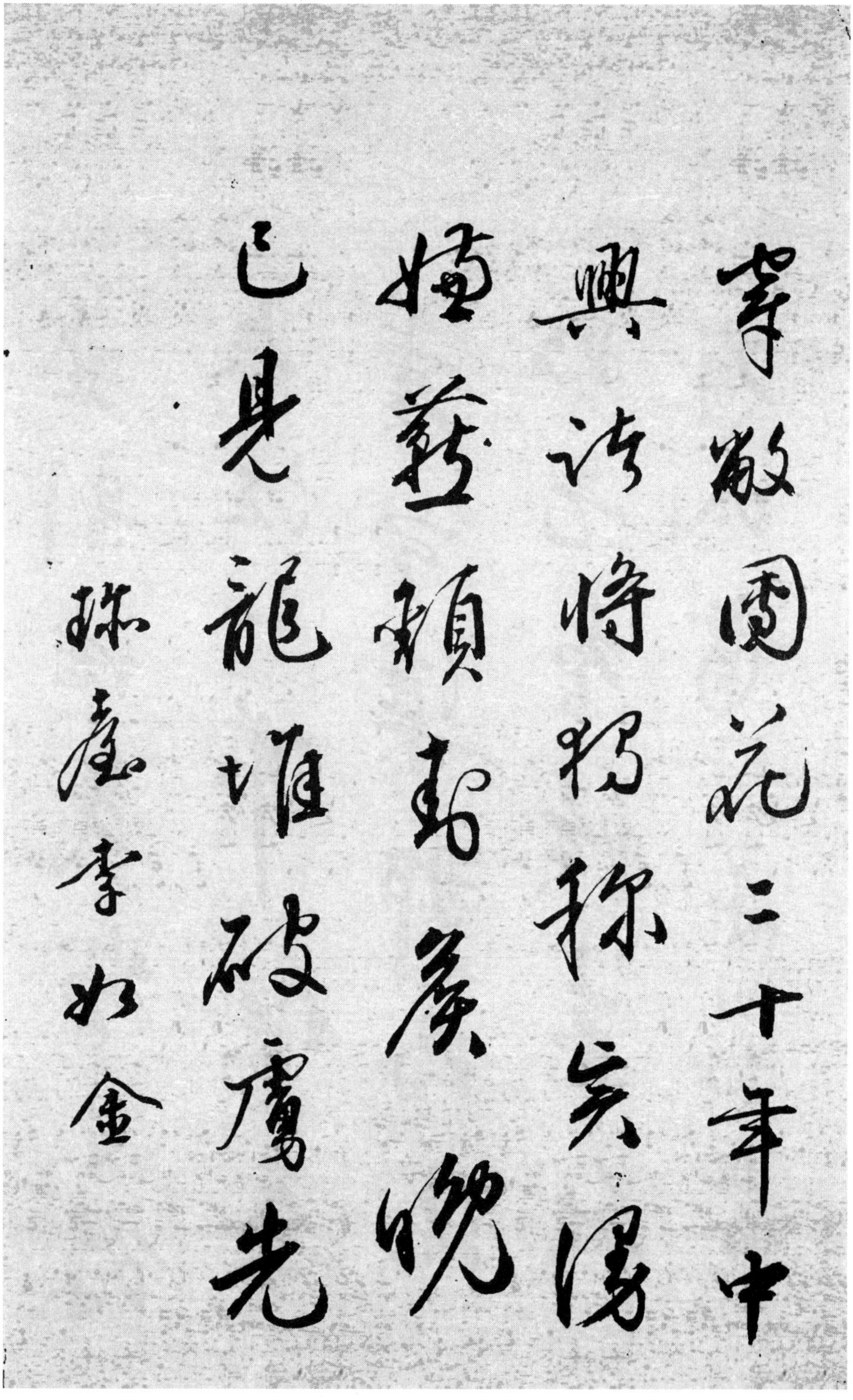
寧敬園花二十年中
興諸將獨稱吳陽
種藝頗載廣晚
已是龍堆破虜先
孫雇李如金

坐制諸夷皆号除

長江一帶保無

虞可渠邪乃張

如是多讀春秋

左氏舊　荥川孫松笺

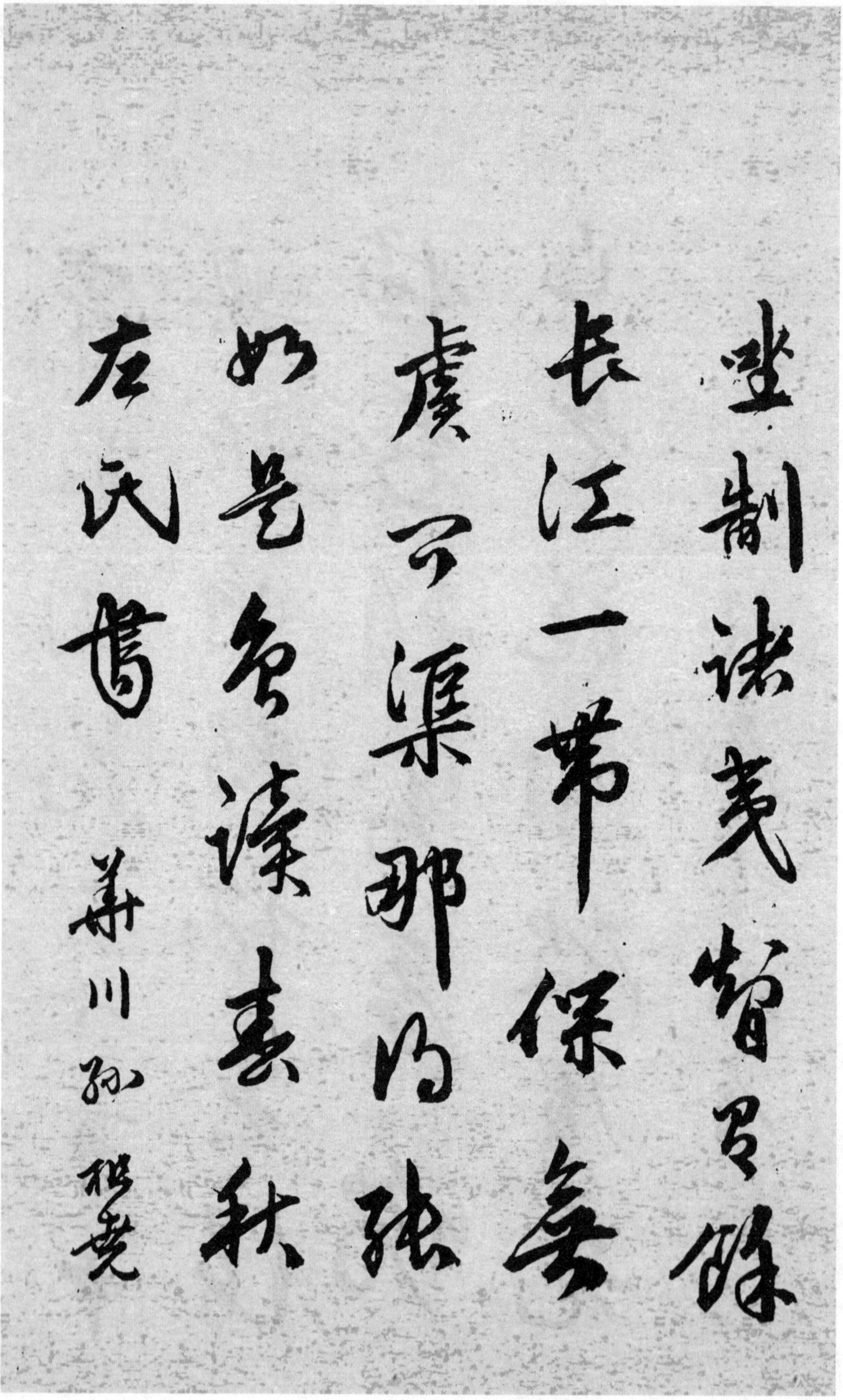

黑水黃沙會上台

襄風庫雨撼江表

寧東東海长城高

纘頼元戎席

文毫棄大差

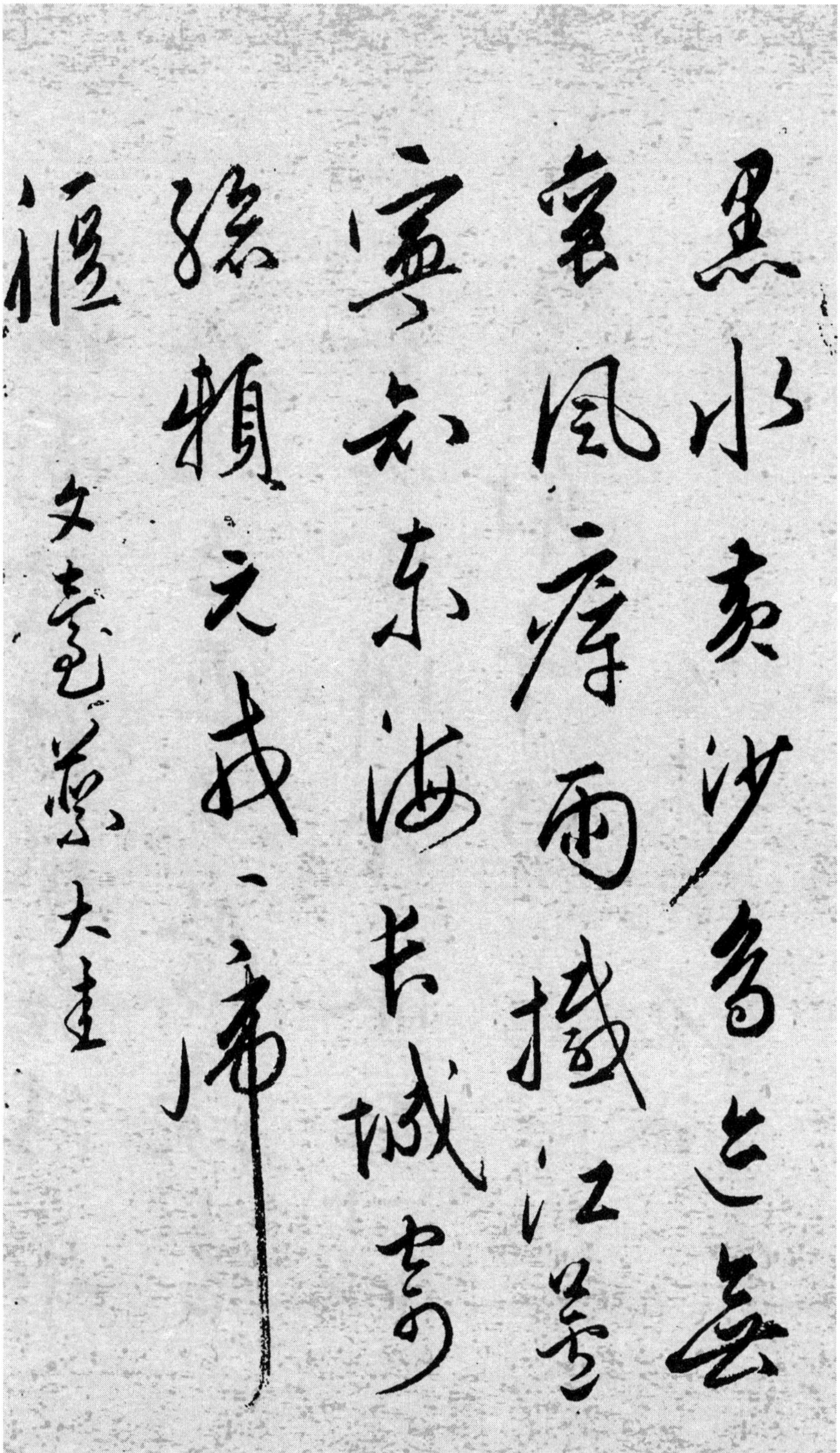

海國煙銷風靄清掌

莊悅之亞夫營讀書

不必分淮今徹移龍

多射斗明

金東鮑應試

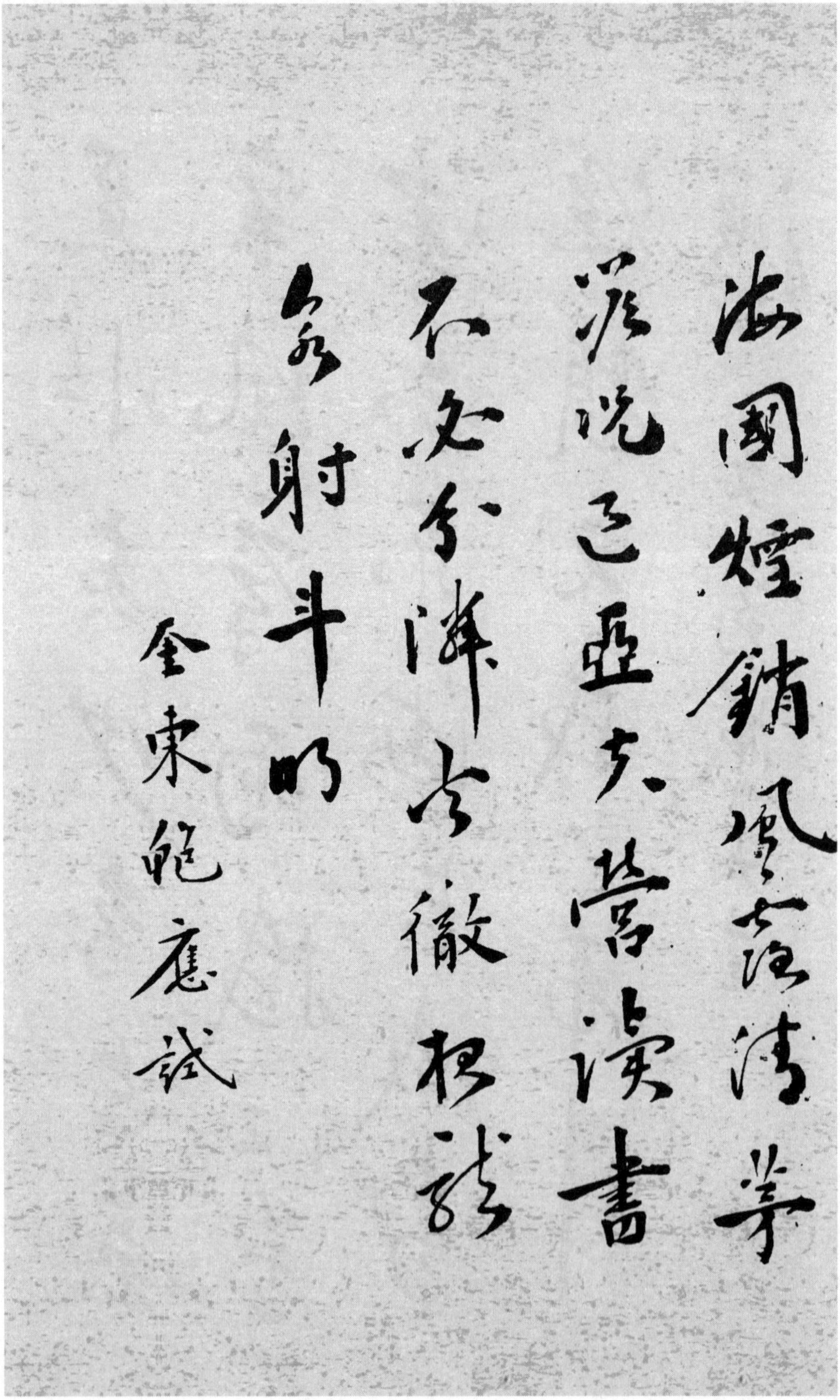

羣山削立拂層霄
雲物護？嶂？
蛟蜃需涵鯨？秋
氣蕭風捲籌槹
陣雲消二三月然

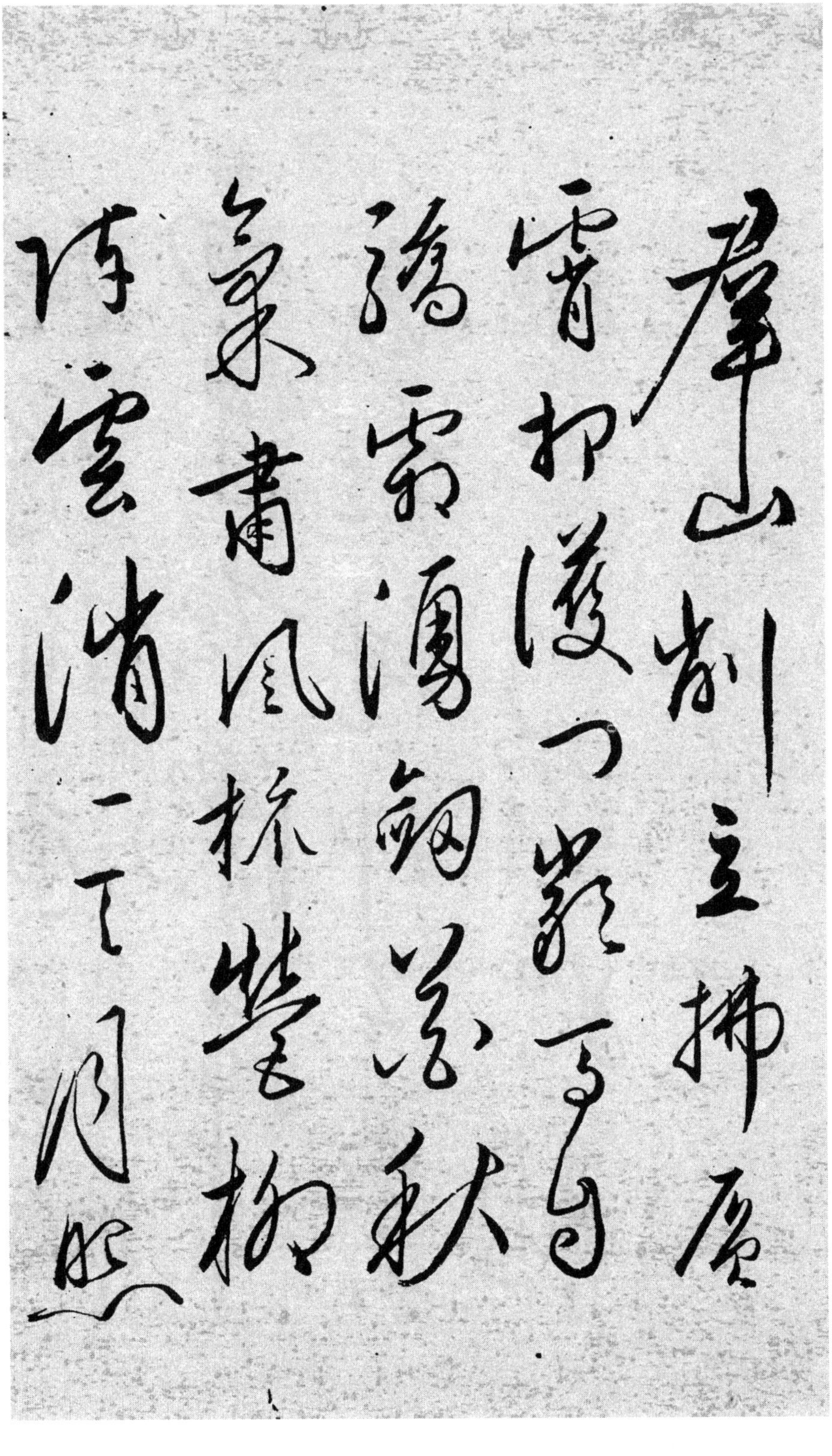

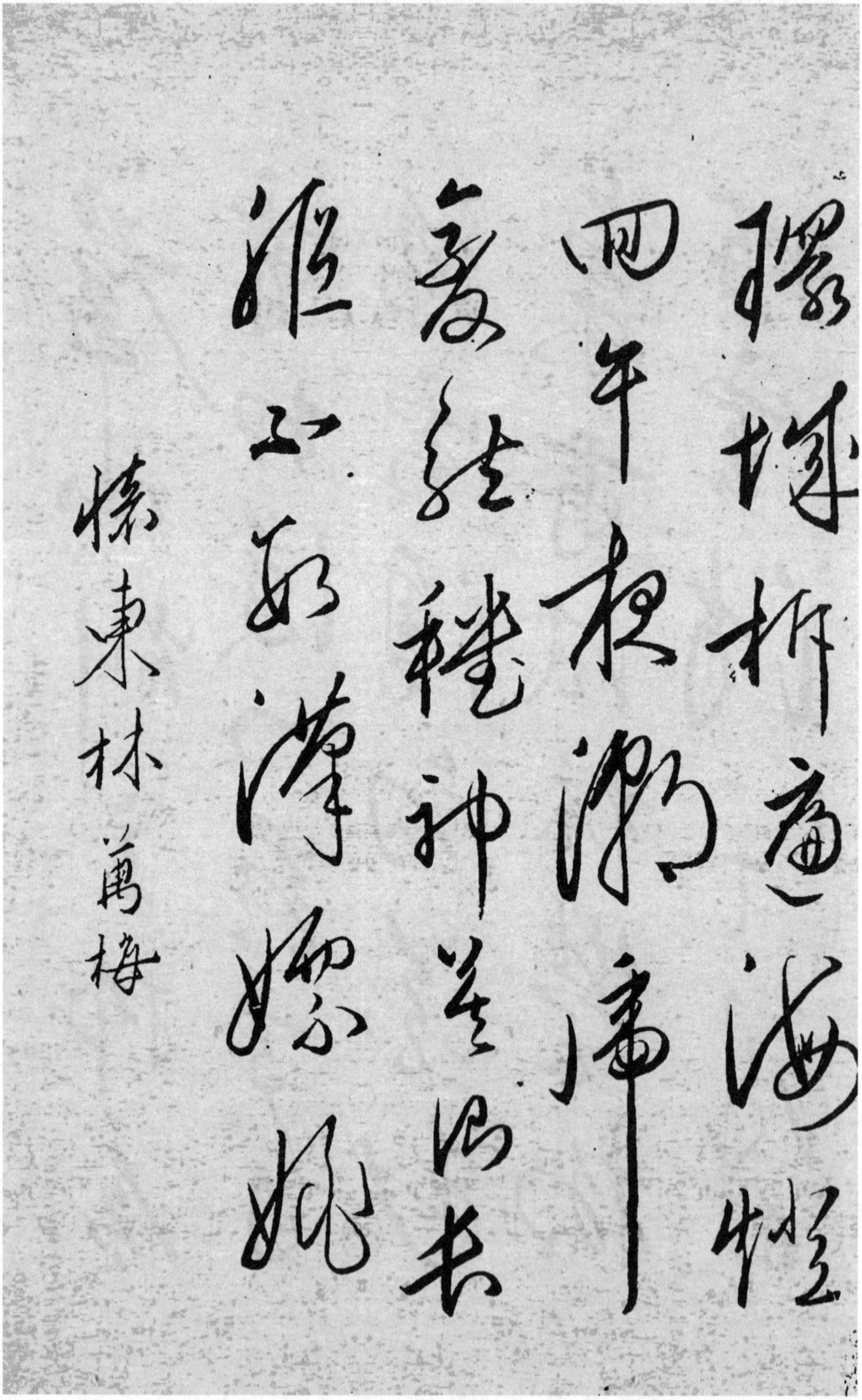
林萬梅

海國宣威卷後叙

余昔應試省闈與聞武林天橋戴公久矣乃知慷慨踈達有大志以熟諳韜畧弓馬拔起庸衆初從南塘戚參帥平倭奏凱拜總府既而同禦西北虜隨在宣威樹績名已蚤播華夏矣時聖天子憫甌民之困于東倭也乃命移鎮于此焉公至開府島夷遠遁海波不揚數年間東甌士民咸得安堵樂業殆先聲而醜類懾伏不戰而屈人之兵者也謂之曰海國宣威也固宜然又時嘗于戎務之暇與縉紳士夫論文講藝歌咏唱酬而瑞庠多士咸在所親接是其風流儒雅出于武弁之外雖古之名將莫能過者文事武備兼而有之則公之養威蓄銳將太有所待也豈惟今日一方已哉瑞庠林生朱生輩乃繪圖以彰其事一時之賢士大夫咸爲之篇章咸爲之歌咏其他若輿誦賛揚又有非卷帙所能悉者公聞之乃愯然懼曰今日之事荷

冡子之威靈在焉惟特肅將以宣之而已敢言功耶夫威行于不可加之地固以爲難而有功不居尤爲所難易謂之勞謙君子有終吉者不在斯乎余既聞其素又親見其行事之實剋竊祿茲土亦陰受保障之福者三年于茲可容以無言乎頃者星變西方或謂徵應兵象夷性叵測海上未必無事則未雨桑土之徹先事衣袽之戒又今日之所當知諒亦憂國者之同心也公其念哉寅長惕齋徐翁春元慷東林翁爲之首引余不佞歉不以頌而以規乃附于末簡云

瑞庠司訓侍教生三衢介庵葉兆福拜手敬書

海國宣威跋

天橋大將軍膺瀕海之寄式謹方畧以戒不虞
屢捷屢奇筮懷之澤渾被環海頌聲所由
以為頌成余會友林朱二君屬訊識其末訊嘗
謁鱗江胡公去思碑述其用兵功高勞苦今將
軍收功海上實於胡有光或曰胡智將也豈福
將也智不如福予曰洛爾知將軍褆福於爾衆
不知將軍功高勞苦正以造福之成夫制變未

形智也家賜以益福也智與福將軍誠兼之夫是
以有斯錄也諸君子不虛美將軍不自伐崇勛
偉績吾知日蒸蒸起矣唯是一海國之咸淵詎足
為將軍多我予深嘉二君之用情輒以鄙仰錦
御李之風悰勉附驥續尚冀觀風銘大常之君
子采焉

侍教弟山人陳大訓頓首謹跋